河 南 省
小水电安全生产手册

河南省水利移民事务中心
中科华水工程管理有限公司　组织编写

李　凯　席战伟　赵　隆　主　编

黄河水利出版社
·郑州·

图书在版编目（CIP）数据

河南省小水电安全生产手册 / 河南省水利移民事务
中心，中科华水工程管理有限公司组织编写；李凯，席
战伟，赵隆主编. —郑州：黄河水利出版社，2023.7
ISBN 978-7-5509-3647-8

Ⅰ.①河…　Ⅱ.①河…②中…③李…④席…⑤赵
…　Ⅲ.①水力发电站－安全生产－生产管理－河南－手册
Ⅳ.① TV737

中国国家版本馆 CIP 数据核字（2023）第 138883 号

策划编辑：陶金志　　电话：0371-66025273　　E-mail：838739632@qq.com

责任编辑　郑佩佩　　　　　　　　　　　　　责任校对　杨秀英
封面设计　李思璇　　　　　　　　　　　　　责任监制　常红昕
出 版 社　黄河水利出版社
　　　　　地址：河南省郑州市顺河路黄委会综合楼 14 层　　邮政编码：450003
　　　　　网址：www.yrcp.com　E-mail：hhslcbs@126.com
　　　　　发行部电话：0371-66020550
承印单位　河南博之雅印务有限公司
开　　本　787 mm×1 092 mm　　　1 / 16
印　　张　6.25
字　　数　100 千字
版　　次　2023 年 7 月第 1 版　　　　　　　2023 年 7 月第 1 次印刷

定　　价　58.00 元

《河南省小水电安全生产手册》
编委会

主任委员：祝云宪

副主任委员：李中原　杜　玮

主　　编：李　凯　席战伟　赵　隆

副 主 编：王小茹　常白雪　杨　满　秦子璇　苗玉霞
　　　　　　靳秀玲

编　　写：井瑞放　韩云波　王资欢　闫晓敏　黄　磊
　　　　　　陈路路　崔一凡　刘　岩　李　健　李旭阳
　　　　　　杨艳芳　郭海燕　郑建坤　张利宾　张燕粉
　　　　　　吴　菲　张颢文　李会杰　张家婷　刘　虹

前 言

根据党中央、国务院和河南省委、省政府关于加强安全生产工作的决策部署，按照水利部关于加强农村水电安全生产工作的要求，为规范和提高河南省小水电监督管理水平，普及小水电运行管理与维护有关的基础知识，经河南省水利厅批准，河南省水利移民事务中心与中科华水工程管理有限公司联合主持编写了本手册，编写组在征求使用单位意见和建议的基础上多次对手册进行修改和完善。

本手册可供从事小水电运行操作、维修保养、经营管理及农村水电安全监管工作的有关人员参考使用。全书分7部分，主要内容包括：总则；基础知识；运行操作；养护维修；安全生产管理；应急管理；安全标志等。

本手册力求简明扼要、中心突出、图文并茂，专业性和实用性相结合。由于编者水平有限，手册中内容难免有疏漏和不当之处，欢迎广大读者批评指正。

编 者

2023 年 5 月

目 录

1 总 则 ……………………………………………………………… 1

2 基础知识 ………………………………………………………… 3

   2.1 小水电 …………………………………………………… 3

   2.2 流量 ……………………………………………………… 3

   2.3 水头 ……………………………………………………… 3

   2.4 出力 ……………………………………………………… 4

   2.5 效率 ……………………………………………………… 4

   2.6 转速 ……………………………………………………… 4

   2.7 水力发电的原理 ………………………………………… 4

   2.8 水电站 …………………………………………………… 5

   2.9 水轮发电机组 …………………………………………… 5

   2.10 水轮机组分类 …………………………………………… 6

   2.11 水轮机的型号 …………………………………………… 6

   2.12 电气主接线 ……………………………………………… 7

   2.13 一次回路和二次回路 …………………………………… 7

   2.14 一次设备和二次设备 …………………………………… 7

   2.15 电气五防 ………………………………………………… 7

   2.16 电站辅助设备中的油、水、气系统采用的颜色标示 ……… 8

3 运行操作 ………………………………………………………… 9

   3.1 运行基本规定 …………………………………………… 9

   3.2 水工建筑物的运行管理 ………………………………… 11

   3.3 机电设备运行操作 ……………………………………… 13

   3.4 金属结构设备运行操作 ………………………………… 21

4　养护维修 ……………………………………………… 23
　　4.1　水工建筑物的养护与维修 ……………………… 23
　　4.2　机电设备养护维修 ……………………………… 25
　　4.3　金属结构设备养护与维修 ……………………… 28
　　4.4　安全旁站 ………………………………………… 28
5　安全生产管理 ………………………………………… 30
　　5.1　组织管理要点 …………………………………… 30
　　5.2　岗位安全职责 …………………………………… 30
　　5.3　安全教育培训 …………………………………… 31
　　5.4　生产安全管理要点 ……………………………… 31
　　5.5　技术管理要点 …………………………………… 32
　　5.6　设备设施管理 …………………………………… 32
　　5.7　消防安全管理 …………………………………… 36
　　5.8　风险管控与隐患排查治理 ……………………… 37
6　应急管理 ……………………………………………… 38
　　6.1　生产安全事故应急预案编制程序和内容 ……… 38
　　6.2　生产安全事故应急救援措施及事故处理相关规定 ……… 42
　　6.3　小型水库大坝防汛应急预案 …………………… 43
　　6.4　消防应急预案主要内容 ………………………… 50
7　安全标志 ……………………………………………… 59
　　7.1　适用范围 ………………………………………… 59
　　7.2　引用文件 ………………………………………… 59
　　7.3　定义 ……………………………………………… 59
　　7.4　安全标志的设置与安装要求 …………………… 61
　　7.5　现场主要安全标志及设置要求 ………………… 63
　　7.6　检查与维修 ……………………………………… 70
附录　水电站记录表格 ………………………………… 71

1 总 则

1.1 为了贯彻执行《中华人民共和国安全生产法》，指导规范和提高河南省小水电监督管理水平，普及小水电运行管理与维护有关的基础知识，制定本手册。

1.2 本手册可供从事小水电运行操作、维修保养、经营管理及农村水电安全监管工作的有关人员参考使用。

1.3 小水电生产经营管理单位应以安全风险管理、隐患排查治理、应急管理为基础，以全员安全生产责任制为核心，建立安全生产标准化管理体系，实现全员参与，全面提升安全生产管理水平，持续改进安全生产工作，不断提升安全生产绩效，预防和减少事故的发生，保障人身安全，保证生产经营活动的有序进行。

1.4 小水电经营管理单位应开展水利安全生产标准化达标工作，结合单位自身特点，建立并保持以安全生产标准化为基础的安全生产管理体系；通过自我检查、自我纠正和自我完善，构建安全生产长效机制，持续提升安全生产绩效。

1.5 本手册编制主要引用下列标准和文献：

《中华人民共和国安全生产法》

《生产安全事故应急条例》国务院 708 号令

《标准化工作导则 第 1 部分：标准化文件的结构和起草规则》GB/T 1.1

《个体防护装备选用规范 第 1 部分：总则》GB 39800.1

《图形符号 安全色和安全标志 第 5 部分：安全标志使用原则与要求》GB/T 2893.5

《生产经营单位生产安全事故应急预案编制导则》GB/T 29639

《企业安全生产标准化基本规范》GB/T 33000

《小型水电站安全检测与评价规范》GB/T 50876

《小型水电站运行维护技术规范》GB/T 50964

《水利技术标准编写规定》SL 1

《土石坝养护修理规程》SL 210

《混凝土坝养护修理规程》SL 230

《水利水电工程金属结构与机电设备安装安全技术规程》SL 400

《水利水电工程施工作业人员安全操作规程》SL 401

《农村水电站技术管理规程》SL 529

《水利水电工程施工安全管理导则》SL 721

《水库大坝安全管理应急预案编制导则》SL/Z 720

《水利安全生产标准化通用规范》SL/T 789

《工程建设标准编写规定》建标〔2008〕182 号

《生产安全事故应急演练基本规范》AQ/T 9007

《生产安全事故应急演练评估规范》AQ/T 9009

《水利水电工程（水库、水闸）运行危险源辨识与风险评价导则》 水利部办监督函〔2019〕1486 号

《农村水电站安全生产标准化评审标准》 水利部办水电〔2019〕16 号

小型水库防汛"三个责任人"履职手册（试行）

水利部关于印发《大中型水库汛期调度运用规定（试行）》的通知（水防〔2021〕189 号）

2 基础知识

2.1 小水电

小水电又称农村水电，是指装机容量 50 MW 及以下的水力发电站和配套的地方电网。

2.2 流量

流量是指单位时间内通过水轮机的水量，也称水轮机工作流量，通常用 Q 表示，单位为 m^3/s。

2.3 水头

连续水流两断面间单位能量的差值称为水头，用 H（m）表示。水头是水轮机的一个重要参数，它的大小直接影响水轮机出力的大小和水轮机形式的选择。如图 2-1 所示，上游蓄水池的水平面至下游（尾水）水面的垂直高度就称为水头，其代表了水的位能（势能），水头越高，位能越大，同等流量能发的电也就多。

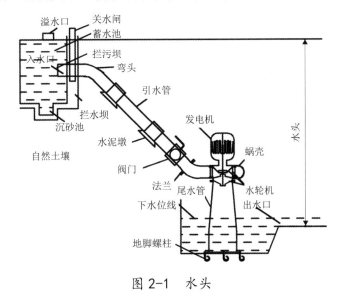

图 2-1 水头

2.4　出力

出力是指单位时间内流经水轮机的水流所具备的能量，用 P 表示。

2.5　效率

水轮机的出力与通过水轮机水流的出力之比，称为水轮机的效率，用 η 表示。显然效率是表示水轮机对水流能量的有效利用程度，是一个无量纲的物理量，用百分数（%）表示。

2.6　转速

水轮机主轴在单位时间内的旋转次数，称为水轮机的转速，用 n 表示，通常采用"r/min"作单位。

2.7　水力发电的原理

在天然河流上，修建水工建筑物，集中水头，通过一定的流量将"载能水"输送到水轮机中，使水能转化为机械能，由机械能带动发电机组发电，再通过输电线路将电输送到用户。如图 2-2 所示，利用水能转为水轮机的旋转机械能，再以机械能推动发电机，而得到电力。

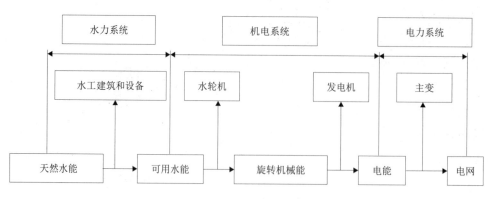

图 2-2　水能转换原理框图

2.8 水电站

在水力发电的过程中，为了实现电能的连续产生需要修建一系列水工建筑物，如进水、引水、厂房、排水等，安装水轮发电机组及其附属设备和变电站的总体称为水电站（水、机、电的综合体）（见图 2-3）。

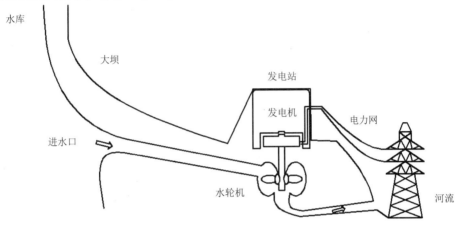

图 2-3 水电站

2.9 水轮发电机组

水轮机是将水流的动能转换为转轴的旋转机械能的水力原动机。水轮机和发电机连接为整体，由水轮机驱动发电机，称为水轮发电机组，简称机组（见图 2-4）。发电机大部分采用同步发电机，其转速较低，一般均在 750 r/min 以下，有的只有几十转每分钟；由于转速

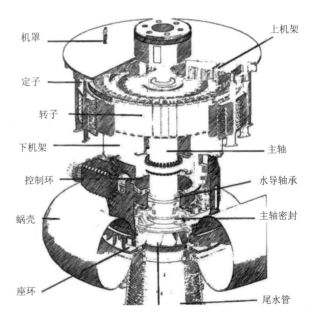

图 2-4 水轮发电机组

低, 故磁极数较多; 结构尺寸和重量都较大; 水力发电机组的安装形式有立式、斜式、灯泡式和卧式。

2.10　水轮机组分类

水轮发电机是指以水轮机为原动机将水能转化为电能的发电机。水流经过水轮机时, 将水能转换成机械能, 水轮机的转轴又带动发电机的转子, 将机械能转换成电能而输出。水轮发电机是水电站生产电能的主要动力设备。

根据转轮转换水流能量方式的不同, 水轮机分成两大类: 反击式水轮机和冲击式水轮机。反击式水轮机包括混流式、轴流式、斜流式和贯流式水轮机; 冲击式水轮机分为水斗式、斜击式和双击式水轮机。

2.11　水轮机的型号

根据《水轮机、蓄能泵和水泵水轮机型号编制方法》(GB/T 28528—2012) 要求, 水轮机的规格一般由三部分组成, 每一部分用短横线 "-" 分隔。第一部分由水轮机形式与转轮的代号组成, 其中水轮机形式用汉语拼音字母表明, 转轮代号采用模型转轮编号; 可逆式水轮机用字母 "N" ("N" 指的是可逆式子中 "逆" 的拼音首字母) 及拼音字母表明 (如 NHL 表明混流式水泵水轮机)。第二部分用汉语拼音构成, 为水轮机主轴布置形式和结构特征的代号。第三部分为水轮机转轮直径及其他必需的数据信息。

示例如下:

(1) HLA153-LJ-300, 表明模型转轮编号为 A153, 立轴、金属材料蜗壳混流式水轮机, 转轮直径为 300 cm。

(2) ZZ560-LH-500, 表明模型转轮编号为 560, 立轴、混凝土蜗壳的轴流转桨式水轮机, 转轮直径为 500 cm。

(3) GZ600-WZ-275, 表明模型转轮编号为 600, 卧轴、轴伸贯流定桨式水轮机, 转轮直径为 275 cm。

(4) 2CJ20-W-120/2×10, 表明转轴型号规格为 20 水单斗水轮机, 一根轴上配有 2 个转轴, 卧轴, 转轮直径为 120 cm, 每一个转轴具备 2 个喷头, 水射流孔径为 10 cm。

2.12 电气主接线

电气主接线是实现电能输送和分配的一种电气接线。变配电站的主接线是由各主要电气设备（包括变压器、开关电器、母线、互感器及连接线路等）按一定顺序连接而成的、接受和分配电能的总电路。

2.13 一次回路和二次回路

一次回路是由电源到用户的电力回路。

二次回路是指电气设备的控制、保护、测量、信号等回路及回路中操动机构的线圈、接触器、继电器、仪表、互感器二次绕组等。

2.14 一次设备和二次设备

一次设备是指生产、输送、分配电能的设备，如发电机、变压器、断路器、母线等。

二次设备是指起监视、控制、测量、信号和保护作用的电器，如计量表计、继电器、控制开关等。

2.15 电气五防

2.15.1 防止带负荷分合隔离开关、断路器、负荷开关、接触器（合闸状态下不能操作其隔离开关）。

2.15.2 防止误分误合断路器、负荷开关、接触器（只有操作指令与操作设备对应才能对被操作设备操作）。

2.15.3 防止接地开关处于闭合位置时分合断路器、负荷开关（当接地开关处于分闸状态，且合隔离开关或手车进至工作位置时，可操作断路器、负荷开关闭合）。

2.15.4 防止在带电时误合接地开关（只有在断路器分闸状态，才能操作隔离开关或手车从工作位置退至试验位置，才能合上接地开关）。

2.15.5 防止误入带电室（只有隔室不带电时，才能开门进入隔室）。

2.16 电站辅助设备中的油、水、气系统采用的颜色标示

水电站动力设备分为主机和辅助设备两大部分，辅助设备运行得好坏，将直接影响主机是否正常运行。辅助设备包括油、水、气系统和一些其他设备。水系统包括技术供水系统和排水系统，气（风）系统包括高压（4.0 MPa）和低压（0.8 MPa）两个等级。

油、水、气系统采用的颜色标示为：压力油管和进油管——红色；排油管——黄色；进水管——天蓝色；排水管——墨绿色；消防水管——橙黄色；气管——白色。

3 运行操作

3.1 运行基本规定

3.1.1 基本规定

3.1.1.1 水电站运行维护人员应熟悉和严格执行有关规程、制度，掌握必要的水工、电工、机械基础知识，熟悉水电站设备参数。

3.1.1.2 无人值班、少人值守的水电站，自动化设备应安全、可靠，能实时准确传送水电站各种运行数据，并实现远程操作。

3.1.1.3 水电站运行设备应有标志。

3.1.1.4 水电站岗位设置及定员标准应按照水利部《农村水电站岗位设置及定员标准（试行）》执行。运行、检修及特种作业人员须经岗位培训合格后，持证上岗。

3.1.2 运行管理

3.1.2.1 电站运行管理单位应按本手册的要求，结合电站实际编制运行规程，及时修订、复查现场运行规程，确保规程的适宜性和指导性。

3.1.2.2 电站应设置能满足电站安全可靠运行的运行、维护和管理员，并应建立健全岗位责任制。

3.1.2.3 电站管理人员应熟悉电站的生产过程，掌握电站设施设备的技术参数、运行要求和安全操作规程。

3.1.2.4 运行、维护人员应进行上岗培训，并持证上岗。电站每年应至少开展一次运行操作员的运行安全规程理论或实际操作考试。

3.1.2.5 运行、维护人员应了解水电站的生产过程，掌握本岗位运行、维护的技术要求，遵守安全操作规程。

3.1.2.6 运行、维护人员应严格执行工作票、操作票、交接班制度、巡回检查制度、设备定期试验与轮换制度，工作票、操作票合格率和执行率均应达到100%。

3.1.2.7 运行、维护人员发现电站设施、设备运行不正常时，应及时采取机组减负荷措施或立即停机检查,向调度中心报告;运行管理人员应及时分析、报告、组织相关人员进一步处理。涉及安全的重要情况应及时上报上级主管部门。

3.1.2.8 电站应建立健全档案管理制度。各种运行、检修、检测记录,试验报告等技术资料应及时整理、分析,并及时归档。

3.1.2.9 电站应严格执行设备缺陷管理制度,年度设备缺陷消除率应达到100%。

3.1.2.10 电站应按规定进行设施、设备安全检测、评级,设施、设备完好率应达到100%,其中完好率达到一类标准的不应低于80%。

3.1.2.11 并网运行的电站应遵守所在电网的电网调度运行规程和有关规定,保证电站和电网的安全稳定运行。电站应按照电网调度机构下达的调度计划,在规定的电压范围内运行,并根据调度指令调整功率和电压。电站设备的检修应服从调度机构的统一安排。

3.1.2.12 电站应按批准的设计防洪标准和水库调度原则,结合实际情况,编制防汛应急预案,明确三个责任人;编制年度水库控制运行计划、上报审批,并应服从防汛机构统一指挥,做好防汛工作。

3.1.2.13 电站应结合实际情况,编制水工建筑物及机电设备巡视、观测、检修及维修养护等相关制度。

3.1.2.14 值班人员应具备下列记录,详见附录:

(1)水电站交接班记录。

(2)水电站运行分析记录。

(3)水电站安全活动记录。

(4)水电站倒闸操作票。

(5)水工建筑物检查记录。

(6)水工交接班记录。

(7)上岗人员技术考核记录。

(8)指令、指示记录。

(9)水轮发电机组运行记录。

(10)水轮发电机组甩负荷试验记录。

(11)水轮发电机组电气运行记录。

(12)工具及备品备件记录。

（13）水轮发电机组启、停记录。

（14）水轮发电机组自动装置故障动作记录。

（15）断路器、继电保护及自动装置动作记录。

（16）继电保护及自动装置调试记录。

（17）外来人员记录。

（18）蓄电池测试记录。

3.2 水工建筑物的运行管理

3.2.1　水库汛期调度运用工作主要包括：年度汛期调度方案（运用计划）编制、审批及备案，雨水情监测预报，实时调度方案制订及调度指令下达，调度指令执行，预警信息发布，调度过程记录，调度总结分析和其他相关调度管理等工作。

3.2.1.1　水库年度汛期调度方案（运用计划）主要内容包括：编制目的和依据、防洪及其他任务现状、雨水情监测及洪水预报、洪水特性、特征水位及库容、调度运用条件、防洪（防凌）调度计划、调度权限、防洪度汛措施等。其中，防洪（防凌）调度计划应包含调度任务和原则、调度方式、汛限水位及时间、运行水位控制及条件、下泄流量控制要求、供水、生态、调沙、发电和航运等其他调度需求。

3.2.1.2　水文预报方案应当满足相关规范要求。预报方案应包括入库流量、库水位预报等，预报方案精度应当达到乙级或者以上。作业预报过程中，应当加强水文气象耦合、预报调度耦合，进行实时校正和滚动预报，提高预报精度、延长预见期。

3.2.1.3　调度指令应简洁准确，避免歧义。应当明确调度执行单位、调度对象、执行时间，以及出库流量、水库水位、开闸（孔）数量、机组运行台数（可根据水库实际选取相应指标）等要求。一般情况下调度指令提前一定时间下达，为调度指令执行和水库上下游做好相关安全准备留有一定时间，紧急情况下第一时间下达。

3.2.1.4　调度执行单位应当严格执行调度指令，按照调度指令规定的时间节点和要求进行相应调度操作，可采取书面、电话等方式反馈调度指令执行情况并做好调度记录。

3.2.1.5 调度执行单位应当配备专业技术人员，熟悉水库所在流域的水文气象特点、暴雨洪水特性，掌握水库调度规程、年度汛期调度方案（运用计划），以及水库调度的制约因素、关键环节和潜在风险等。

3.2.1.6 调度管理单位、调度执行单位每年汛前应当组织开展水库防洪调度演练。

3.2.2 大坝（水库）安全监测

3.2.2.1 枢纽管理单位编制大坝安全监测工作规章和制度，进行观测方案技术审查，定时对大坝进行监测，并建立大坝安全监测技术档案。

3.2.2.2 运行管理单位定期组织管辖枢纽大坝监测资料的年度整理、整编，并对监测资料进行定期分析。大坝监测资料分析，应当以资料准确性判断为基础，进行深入的定性、定量分析，评判大坝安全状态，其中应当突出趋势分析和异常现象诊断。

3.2.2.3 保护各种监测仪器设备和附属设施，加强监测仪器的日常维护及检查，使系统始终处于良好的工作状态。

3.2.2.4 按照有关规定，进行大坝及附属设施的维护检修工作，保证坝体、闸门及启闭设备完好。

3.2.2.5 按有关规定进行大坝安全注册登记，建立技术档案。大坝安全注册检查中，对注册检查工作组所提出的意见和建议，必须制订整改计划并组织实施。已注册登记的大坝，每年应当按照注册条件、标准、管理实绩考核评价内容等要求进行注册自查，填报自查报告，经逐级审核同意后，按规定时间报送注册登记单位。同时向主管单位报送备案。

3.2.2.6 对新建大坝，初期蓄水3～5年或高水位运行后应及时进行安全鉴定。运行期达40～50年的老坝，应提出鉴定复核意见报请主管单位结合定期检查进行全面复核，提出大坝安全鉴定报告。有潜在危险的大坝，应报请主管单位根据现行技术规程、规范，及时组织进行安全评定。对于大坝安全鉴定、定期检查所提出的问题和建议，运行管理单位必须制订整改计划并组织实施。

3.2.2.7 按照有关规定报送大坝运行安全信息。挡水建筑物运行安全信息的报送应当及时、准确、完整。信息的报送、管理和应用应当遵守国家有关保密规定。

3.2.2.8 发生地震、暴风、暴雨、较大洪水和其他异常情况，应按照加密监测方案，增加大坝巡视检查和监测次数，必要时还应增加监测项目。

3.2.2.9 对于运行中的大坝，如缺少必要的监测项目，或监测设施受损失效，无法满足安全监测要求，应根据实际情况，有针对性地进行监测系统的更新改造。应采用成熟的先进技术，逐步实现监测的自动化。

3.2.2.10 对大坝缺陷管理坚持"及时发现、及时消除"的原则。运行管理单位应组织管辖枢纽按照缺陷管理制度做好分类统计及分析，为大坝维护检修提供依据。大坝重大缺陷、运行事故、大坝异常情况等重大问题，小水电生产经营管理单位应及时组织专题分析，查明原因，提出处理意见、方案和计划，按有关规定报主管单位批准后组织落实。

3.2.2.11 大坝技术档案应可靠、完整，并妥善保存。应保存挡水建筑物的设计、施工文件、图纸和运行文件，包括设计挡水建筑物布置图、结构图、监测仪器埋设记录，运行、维护和历次检查、鉴定记录及技术报告，加固和改造设计资料及施工文件，险情处理记录等资料，并建立大坝安全档案目录或索引。

3.2.2.12 大坝安全管理人员应当具备相应业务水平和实际工作能力。应有计划地对安全管理人员进行培训，应逐步做到持证上岗。

3.3 机电设备运行操作

3.3.1 水轮机运行操作

3.3.1.1 水轮机正常运行应符合下列要求：

（1）水轮机应按设计的相关参数长期连续运行。

（2）水轮机轴承的油温低于 5 ℃时，不得启动；油温低于 10 ℃时，应停止供给冷却水。

（3）水轮机轴承瓦温不宜超过 60 ℃，最高不得超过 70 ℃。当轴承瓦温达到 65 ℃时，应发出故障信号；当轴承瓦温超过 70 ℃时，应发出机组事故跳闸信号，并跳闸。弹性金属塑料推力轴瓦瓦温不宜超过 55 ℃。

（4）轴承冷却水应工作正常，无漏水，无异常响声；冷却水温度应为 5 ～ 30 ℃，冷却水压力宜为 0.15 ～ 0.3 MPa。

（5）停机时各轴承油面高度应在油位标准线附近，油质应符合标准。

（6）导叶、导叶拐臂、剪断销工作应正常。

（7）主轴密封及导叶轴套应无严重漏水。

（8）油、气、水管路应无渗漏及阻塞情况。

（9）真空补气阀运行应正常。

（10）机组各部件摆度及振动值应在允许范围内。

（11）调速器宜在自动控制状态下运行，遇调速系统工作不稳定、失灵等特殊情况时，可采用手动控制。

（12）下列情况时应禁止运行：上下游水位不能保证机组正常运转或尾水管压力脉动过大；机组部件振动、摆度过大、剪断销剪断；油压装置的油压降至事故低油压规定值。

（13）检修后或停机时间较长的机组，应按实际情况投入试运行。

（14）大修后的机组投入运行，宜进行甩负荷试验。

（15）采用调压阀的机组，调压阀与调速器联动应工作正常。

（16）各表计指示应正确。

（17）每隔1h应对机组运行工况做一次检查和记录。

3.3.1.2　水轮机正常开机应满足下列条件：

反击式轮机应符合下列要求：导叶应能开关正常，蜗壳排气阀应能正常工作；导叶漏水应不妨碍机组正常停机；转桨式水轮机的桨叶应能正常调节。

冲击式水轮机应符合下列要求：在全关位置时，喷针不漏水，有喷管排气阀的水轮机，开机时喷管排气阀工作应正常；折向器工作应正常，位置准确；制动副喷嘴工作应正常。

3.3.1.3　机组启动应具备下列条件：

（1）进水主阀在全开位置，调压阀在全关位置，并保证全压状态。

（2）调速器处于全关位置，锁锭投入；油压正常，油泵电源投入。

（3）机组各轴承油位正常，油色合格并无漏油。

（4）交直流操作电源投入正常。

（5）电气部分正常，可随时投入运行。

（6）机组制动装置工作正常，且在复归位置。

（7）热备用机组应与运行机组一样，定时进行巡视检查，不得进行无关的操作。

3.3.1.4　新装机组或机组大修后投入运行前，应做下列检查，检查完成后确认机组内无人工作，收回全部工作票，方可投入运行：

（1）压力钢管、蜗壳等流道及补气管中无杂物。

（2）制动装置工作正常且处于复归位置。

（3）导水机构正常，导叶无损坏，剪断销无松动。

（4）发电机内部无杂物或遗留工具；集电环碳刷弹簧压力正常，并无卡阻、松动等现象。

（5）机组自动化装置正常。

（6）水轮机各密封装置良好。

（7）水轮机进水主阀和调压阀的操作机构及行程开关工作正常。

（8）油、气、水系统正常。

（9）调速器工作正常。

（10）机组四周无妨碍工作的杂物。

（11）机组顶转子工作已完成。

（12）电气各项试验、机组过速及甩负荷试验合格。

（13）新装机组连续 72 h 满负荷试运行合格。受电站水头和电力系统条件限制，机组不能带额定负荷时，可按当时条件在尽可能大的负荷下进行72 h 连续运行。

3.3.2　发电机运行操作

3.3.2.1　发电机正常运行应符合下列要求：

（1）发电机按照制造厂铭牌规定可长期连续运行。

（2）空气冷却的发电机，空气温度以 0 ～ 40 ℃为宜。空气应清洁、干燥、无腐蚀性。

（3）定子绕组、转子绕组和铁芯的最高允许温升及温度，不应超出制造厂规定。

（4）输出功率不变时，电压波动在额定值的 ±5% 以内，最高不得超过额定值的 ±10%，此时励磁电流不得超过额定值。最低运行电压根据系统稳定要求确定，不宜低于额定值的 90%，此时定子电流仍不应超过额定值的105%。

（5）频率波动不超过 0.5 Hz 时，可按额定容量运行。当频率低于 49.5 Hz 时，转子电流不得超过额定值。对于孤立运行的小电网，机组频率波动范围可适当放宽。

（6）不得缺相运行。在事故条件下允许短时过电流，定子绕组过电流倍数与相应的允许持续时间应按现行国家标准《水轮发电机基本技术条件》（GB/T 7894）的要求确定，达到允许持续时间的过电流次数每年不应超过 2 次。

（7）在运行中应保证功率因数为0.8或其他设计值，不应超过迟相的0.95，根据机组的进相能力在调度的要求下运行，转子电流及定子电流均不应高于允许值。

（8）制动装置应正常，对于气制动机组，制动气压应为 0.5 ～ 0.7 MPa，当机组在额定转速的 20% ～ 35% 时开始制动，制动时间宜为 2 min。应避免机组在低转速下长期运行。水斗式水轮机组采用副喷嘴反向冲水制动时，制动时间最长不应超过 5 min，制动冲上投入和切除的监控装置工作应正常。

3.3.2.2 发电机的正常启动、并列、增荷、停机应符合下列条件：

（1）正常开停机操作应接到调度命令后，由值班班长组织进行。

（2）备用中的发电机及其附属设备应处于完好状态，随时能立即启动。

（3）机组大修或小修后，验收合格后方能投入运行。

（4）当发电机的转速达到额定转速的 50% 左右时，应检查集电环上电刷振动和接触情况及机组各部件声响是否正常，当不正常时，应查清原因并加以消除。

（5）当机组转速基本达到额定值以后，应合上灭磁开关，即可启励、升压。

（6）发电机在升压过程中应检测下列内容：可控硅励磁的发电机，调节励磁的电位器数要适当；三相定子电流应等于零，如果定子回路有电流，应立即跳开灭磁开关并停机检查定子回路是否短路，接地是否拆除等；检查三相定子电压是否平衡；检查发电机转子回路绝缘电阻；在空载额定电压下，转子电压、电流是否超过空载额定值，若超过，应立即停机检查励磁主回路故障。

（7）有下列情况之一，不得并列合闸：同期表回转过快，不易控制时间；指针接近同期标线停止不动；指针有跳动现象；同期表失灵；操作者情绪紧张，四肢抖动。

（8）发电机的解列停机操作应符合下列要求：接到停机命令之后，应减少机组的有功、无功负荷；当有功、无功负荷都接近于零时，应跳开发电机断路器；对于可控硅励磁的发电机应进行续流灭磁；拉开隔离开关；当准备较长时间停机时，应测量转子回路、定子回路绝缘电阻，并应做好记录。

3.3.2.3 机组大修或小修后，应验收合格方能投入运行。验收应符合下列要求：

（1）拆除临时接地、标示牌、遮栏，相关设备上无人工作，无杂物及工具遗漏。

（2）定子绕组、转子回路的绝缘电阻满足要求。

（3）发电机一次、二次回路情况应正常。

（4）励磁回路正常，励磁手动、自动切换开关应在截止位置。

（5）发电机隔离开关、断路器、灭磁开关应在断开位置。

（6）立式机组顶转子工作应已完成。

3.3.2.4 发电机正常监视和维护应满足下列要求：

（1）监视集控台、电气盘柜上各表计的变动情况，应每小时记录一次。

（2）定子绕组、定子铁芯、空冷器出水、进出口风、轴承等温度，应每小时记录一次。

（3）转子绕组温度可由电流、电压法测得，单机容量为 25 MW 以上的电站，每月应测量一次，单机容量为 25 MW 及以下的电站，每月宜测量一次。

（4）励磁回路的绝缘电阻采用电压表法，单机容量为 25 MW 以上的电站，每班应测量一次，单机容量为 25 MW 及以下的电站，每班宜测量一次。

（5）电气仪表读数应每小时记录一次，并应对转子的绝缘和定子三相电压平衡情况进行检查。

（6）微机监控的电站，宜做好每小时记录。

（7）监视发电机、励磁系统等转动部分的声响、振动、气味等，发现异常情况应及时处理并汇报。

（8）检查一次回路、二次回路各连接处有无发热、变色，电压、电流互感器有无异常声响，油断路器的油位、油色是否正常等。

（9）发电机及其附属设备应定期检查，每班至少进行一次。

（10）发电机应定期进行预防性试验，试验周期及项目应按现行行业标准《电力设备预防性试验规程》（DL/T 596）的有关规定执行。

3.3.3 调速系统运行操作

3.3.3.1 调速器正常运行应符合下列要求：

（1）调速器应运行稳定，指示正常，且无异常的摆动和卡阻。

（2）常规控制调速器的主配压阀和辅助接力器应无异常抖动，控制柜内各杠杆、销轴无松动、脱落。

（3）调速器各油管、接头处应无漏油。

（4）应定期清洗调速器滤油器，检查调速器的油位、油色。

（5）调速器油泵运行正常，电气回路工作正常，应能在规定油压范围内启动和停止。

（6）安全阀和逆止阀动作应可靠。

（7）压力油罐各表计应显示运行正常；过滤器压力表显示调速器液压控制回路的操作压力正常。

（8）用于控制油泵启动、停止的压力表应工作正常。

（9）油泵电动机应工作正常。

（10）压力油罐及回油箱油位应正常。

（11）油压装置上的可视油位计应完好。

（12）带中间补气罐的油压装置应补气到正常压力，并满足油气比要求。

（13）油泵的安全阀压力整定值应合格。

（14）高油压调速器单向阀运行正常，在停泵时，电机不得出现反转。

3.3.3.2 液压系统和调速器应符合下列要求：

（1）工作时接力器锁锭应拔出。

（2）机手动或电手动运行时，接力器动作应正常，不得出现接力器抽动、振动等现象。

（3）液压阀四周无渗油，阀块密封圈无缺陷。

（4）调速器关闭时应整定合格，并应防止调整机构松动变位。

（5）负载运行时接力器人工死区应设置合理。

（6）接力器的电气反馈装置正常，不得出现"反馈断线"故障。

（7）机组停机后，应投入接力器锁锭。

（8）机组控制参数应设置合理的空载开度。

（9）对配置调压阀的机组，调速器与调压阀联动应正常。

3.3.3.3 调速系统出现下列故障之一应退出运行：

（1）用于控制油泵停止的电接点压力表故障。

（2）油泵故障。

（3）安全阀故障。

（4）电动机缺相运行。

（5）压力油罐上的可视液位计故障。

（6）调速器关机时间调节故障。

（7）反馈断线。

（8）机频故障。

（9）液压阀四周渗油。

3.3.4　励磁系统运行操作

3.3.4.1　励磁系统正常运行应包括下列内容：

（1）屏柜整洁，无积灰。

（2）接线整齐，线路无异常老化，电缆接头牢固。

（3）元器件无损坏。

（4）风机运行正常。

（5）碳刷完整、良好、无跳动、不过热。

（6）励磁调节器各项限制功能正常并投入。

3.3.4.2　励磁系统出现下列故障应退出运行：

（1）装置或设备的温度明显升高，采取措施后仍然超过允许值。

（2）系统绝缘下降，不能维持正常运行。

（3）灭磁开关、磁场、断路器或其他交、直流开关接头过热。

（4）整流功率柜故障不能保证发电机带额定负荷和额定功率因数连续
运行。

（5）冷却系统故障，短时不能恢复。

（6）励磁调节器自动单元故障，手动单元不能投入。

（7）自动通道长期不能正常运行。

3.3.5　主阀及起重机运行操作

3.3.5.1　进水主阀铭牌应在明显位置。

3.3.5.2　进水主阀开启应符合下列要求：

（1）蜗壳排水阀应全关。

（2）调速器应在全关位置。

（3）进水主阀机械锁锭应在投入位置。

（4）阀前阀后水压应基本平衡。

3.3.5.3　进水主阀关闭应符合下列要求：

（1）进水主阀控制回路应工作正常。

（2）进水主阀应有后备保护功能。

（3）机组停机后，宜关闭进水主阀。

（4）导水机构故障无法全关时，进水主阀应能在 5 min 之内动水关闭，
液压操作闸阀、蝴蝶阀和电（手）动操作的蝴蝶阀、闸阀在失电后应在 5 min

内动水关闭。

（5）阀门确认关闭后，应投入机械锁锭。

3.3.6　水、油、气系统运行操作

3.3.6.1　供水系统设备正常运行应符合下列要求：

（1）供水系统流量、压力应满足要求。

（2）减压阀后压力应在设计值范围内。

（3）滤水器工作应正常。

（4）滤水器清污时，供水不应中断。供水系统、沉沙、排沙设施应可靠运行。

（5）轴承润滑水、主轴密封用水的水质应满足设计要求。

（6）电磁阀或电动阀应正常动作，无卡阻。

（7）供水泵工作应正常，备用泵可随时启动。

3.3.6.2　供水设备出现下列故障时应退出运行：

（1）减压阀阀后压力出现异常，或停水时阀后压力高于设计值。

（2）自动滤水器无法正常清污。

（3）磁阀或电动阀出现卡阻。

（4）压力变送器无法正常使用。

3.3.7　变压器运行操作

3.3.7.1　变压器正常运行应符合下列要求：

（1）变压器检修及长期停用（半个月以上）后，在投入运行前，应测量各线圈之间和线圈与外壳之间的绝缘电阻。绝缘电阻降低至原来的 50% 以下时，应测量变压器介质损失角和吸收比，并应取油样试验。

（2）变压器电流、电压应保持在额定范围内。

（3）变压器温升和油温应正常，并应符合现行国家标准《电力变压器 第 2 部分：液浸式变压器的温升》（GB 1094.2）的有关规定。

（4）变压器无载分接开关不可在带负荷状态下调整，在变换分接头之前应将变压器高低压侧电源断开。保持电压波动范围在分接头额定电压 ±5% 以内，最高运行电压不得大于分接头额定值的 105%。

（5）在事故情况下，变压器可以在事故过负荷允许的范围内运行，其允许值应根据变压器冷却条件和温度情况决定。

（6）严密监视变压器运行情况。每班应做一次检查和记录。在恶劣气候

条件下或短路后，应加强巡回检查。

3.3.7.2 变压器异常运行和事故处理应符合下列要求：

（1）变压器出现漏油、油枕内部油面不足、油温上升过快、声响不正常等现象应及时处理，记入值班运行日志和设备缺陷本内，并应及时汇报。

（2）变压器出现下列情况之一时，应立即停止运行：变压器内部声响很大、声音不均匀、有爆裂声；在正常运行条件下，变压器温度异常并不断升高；漏油严重；油枕或防爆管喷油；套管破损或有严重放电；变压器冒烟及着火。

（3）变压器油温超过允许值时，应判明原因，采取措施使其降低。当判别为变压器内部故障时，应立即减负荷直至停止运行。

（4）当发现变压器油位显著降低时，应立即查明原因，并应补足油量。

（5）变压器因过负荷、外部短路或保护装置二次回路故障自动跳闸时，经故障排除和变压器外部检查后可重新投入运行。

（6）变压器差动保护动作后按下列要求进行处理：详细检查差动保护范围内的主变压器、断路器、电流互感器、母线、电力电缆、绝缘子等，有无短路或接地情况；用绝缘电阻表测量变压器及所连接设备的绝缘电阻，符合规定的可对变压器做充电合闸试验；合闸试验时，若断路器重新跳闸，应查明原因。

3.4 金属结构设备运行操作

3.4.1 压力钢管运行操作

压力钢管应符合下列要求：

（1）防腐涂层应均匀，勿脱离。

（2）压力钢管应无明显变形，无裂纹和渗水。

（3）应保证压力钢管在支墩滑道轴线上自由滑动。

（4）进人孔和钢管伸缩节的止漏盘根压缩应均匀，无漏水。

（5）使用年限达到 40 年的压力钢管，应进行折旧期满安全检测。

（6）压力钢管镇墩、支墩的基础及结构应完整稳固，无开裂、破损、明显位移和沉降等现象。

3.4.2 闸门及闸门启闭机运行操作

3.4.2.1 闸门正常使用应符合下列要求：

（1）闸门应无变形、锈蚀，止水完好，滑轮滚动灵活。

（2）闸门的面板、主梁及边梁、弧形闸门支臂等主要构件发生锈蚀的，应及时进行结构检测，并应复核强度、刚度。

（3）闸门应整体坚固可靠，整扇闸门需换的构件达到 30% 及以上的应予以报废更换。

（4）应定期对闸门埋件进行检查维护，闸门轨道严重磨损或接头错位超过 2 mm 不能修复的，或闸门埋件严重腐蚀、锈损或空蚀的，应予以更换。

3.4.2.2　闸门启闭机正常使用应符合下列要求：

（1）启闭机应有可靠的备用电源。

（2）启闭机的操作电气装置及附属设施应安全可靠。

（3）露天启闭机应安装罩壳等保护设施，操作电气装置应上锁。

（4）卷扬式启闭机钢丝绳不应有扭结、压扁、弯折、笼状畸变、断股、波浪形，钢丝、绳股、绳芯不应有挤出、损坏，并保持钢丝绳润滑。

（5）卷扬机运行应安全可靠。

（6）液压式启闭机运行噪声不应超过 85 dB(A)。

（7）电动螺杆式启闭机应有可靠的电气和机械过载安全保护装置。

（8）手动 / 电动两用或手动螺杆启闭机应装设安全把手；手动 / 电动两用启闭机在手动机构与机器联通时，应有断开全部电路的安全措施。

3.4.2.3　拦污栅运行操作：

（1）进水口拦污设施应安全可靠。

（2）拦污设施应及时除锈，无破损、变形，应保证有足够的过水面积。有淤沙、污物堵塞时，应及时清除。

4 养护维修

4.1 水工建筑物的养护与维修

4.1.1 混凝土坝检查内容

4.1.1.1 坝体检查应包括下列内容：

（1）相邻坝段之间有无错动。

（2）伸缩缝开合和止水工作情况是否正常。

（3）坝顶、上下游坝面、宽缝、廊道有无裂缝，裂缝有无渗漏和溶蚀情况。

（4）混凝土有无渗漏、溶蚀、侵蚀和冻害等情况。

（5）坝体排水孔的工作状态是否正常，渗漏水量和水质有无明显变化。

4.1.1.2 坝基和坝肩检查应包括下列内容：

（1）基础有无挤压、错动、松动和鼓出。

（2）坝体与基岩或岸坡结合处有无错动、开裂、脱离和渗漏情况。

（3）两岸坝肩区有无裂缝、滑坡、溶蚀、绕渗及水土流失情况。

（4）基础防渗排水设施的工况是否正常，有无溶蚀，渗漏水量和水质有无变化，扬压力是否超限。

4.1.1.3 输、泄水洞（管）检查应包括下列内容：

（1）进水口有无滑坡，进水塔或竖井有无裂缝、渗漏、溶蚀、磨损、空蚀、碳化、钢筋锈蚀和冻害等情况。

（2）洞身有无裂缝、渗漏、溶蚀、磨损、空蚀、碳化及止水缺失等情况，主体结构应保持稳定。

（3）隧洞应定期进行放空检查及检修，并应定期清理隧洞中杂物。

4.1.1.4 渡槽及渠道检查应包括下列内容：

（1）渠道主体和边坡是否稳定，有无坍塌或岸崩现象。

（2）渠道内是否存在杂物淤积现象，渠道表面有无冲蚀破坏和严重渗水现象。

（3）渡槽槽身和槽墩有无倾斜、开裂、破损和严重渗水现象。

4.1.1.5 电站厂房检查应包括下列内容：

（1）水电站厂房维护应满足安全生产和文明生产的要求。

（2）厂房整体结构有无不均匀沉陷、墙体裂缝等情况。

（3）梁、柱、板受力结构有无裂缝、碳化和钢筋锈蚀情况。

（4）屋顶有无渗漏和损坏情况，内顶抹面有无空鼓和脱落情况。

4.1.2 土石坝检查内容

4.1.2.1 坝体检查主要包括以下内容：

（1）坝顶有无裂缝、异常变形、积水及植物滋生等现象；防浪墙有无开裂、错断、倾斜等现象。

（2）迎水坡面护面或护坡是否损坏；有无裂缝、剥落、滑动、植物滋生等现象；块石护坡有无翻起、松动、塌陷、架空等现象。

（3）混凝土面板有无破损、裂缝、不均匀沉陷等现象。

（4）背水坡及坝趾有无裂缝、剥落、隆起、冒水、管涌等现象。

（5）排水反滤设施有无堵塞、排水不畅、渗水有无骤增或骤降现象。

4.1.2.2 坝基和坝区检查主要包括以下内容：

（1）基础排水设施的工况是否正常。

（2）坝体与岸坡连接处有无错动、开裂及渗水现象；两岸坝端区有无裂缝、滑动、滑坡、崩塌、隆起、异常渗水和蚁穴等现象。

（3）坝趾近区有无潮湿、渗水、管涌、流土或隆起现象。

4.1.2.3 输泄水洞（管）检查主要包括以下内容：

（1）引水段有无堵塞、淤积、崩塌现象。

（2）排水沟是否通畅，排水孔工作是否正常。

（3）进水塔（或竖井）和洞身混凝土有无裂缝、渗水、空蚀等现象。

（4）工作桥是否有不均匀沉陷、裂缝、断裂等现象。

4.1.3 混凝土表面维修措施

4.1.3.1 混凝土建筑物表面应安排专人经常清理，保持表面整齐，无积水、杂草、垃圾及堆放的杂物等。

4.1.3.2 混凝土建筑物表面出现轻微裂缝时，应加强检查和观测，并采取封闭处理措施。

4.1.3.3 出现渗漏时，应加强观测，必要时采取倒排措施。

4.1.3.4 混凝土建筑物表面剥蚀、磨损、冲刷、风化等类型的轻微缺陷，宜采用水泥砂浆、细石混凝土或环氧类材料等及时进行修补。

4.1.3.5 对碳化可能引起钢筋锈蚀的混凝土表面可采用涂料涂层全面封闭防护。

4.1.4 变形缝填充材料老化脱落时应及时更换相同材料进行填充；变形缝填充施工前应将变形缝清理干净。若存在渗漏现象，应先进行渗漏处理，保持缝内干燥。

4.1.5 坝面、地下洞室、边坡及其他表面的排水沟（孔）应经常进行清理，保持排水顺畅。

4.1.6 土石坝坝顶的杂草、杂物应及时清除。坝顶出现的坑洼和雨淋沟应及时用相同材料填平补齐，并保持一致的排水坡度。防浪墙、坝肩、踏步、栏杆、路缘石等出现局部破损时应及时修补或更换。

4.1.7 坝坡养护应达到坡面平整，无雨淋沟，无杂草现象；护坡砌块应完好，砌缝紧密，填料密实，无松动、塌陷、脱落、架空现象；排水系统应完好无淤堵。

4.2 机电设备养护维修

4.2.1 水轮机定期检查维护应包括下列内容：

（1）测量记录水轮机主轴摆度和机组轴电压、轴电流。

（2）切换附属设备和辅助系统的主备用系统。

（3）按各轴承和润滑部位使用油情况，加注或更换润滑油和润滑脂。

（4）检查调整主轴密封间隙，使之适中，检查密封用水的水质。

（5）技术供水滤水器清扫排污。

（6）各气水分离器放水排污。

（7）检测导叶开度是否均匀，立面和端面间隙是否合格。

（8）检测水轮机迷宫间隙是否合格。

（9）新机停运 24 h、投运 3 个月至 1 年的机组停运 72 h、投运 1 年以上的机组停运 10 d 后，再次启动前应顶转子一次。对采用弹性金属塑料瓦的推力轴承允许不采用高压油顶起而启动水轮发电机，允许机组停机后立即进行热启动。

（10）定期对设备外表进行清洁。

4.2.2 运行中水轮机维护与处理应符合下列要求：

（1）水轮机运转声音异常，经处理无效，应停机检查。

（2）机组过速时，应立即关闭导叶，查明原因，进行相应维护处理。

（3）导叶剪断销剪断时，应停机并关闭主阀，更换剪断销。

（4）轴承温度不正常上升时，应检查各部件有无漏油、油面和油色是否正常、轴承冷却水供给是否正常、机组震动和摆度有无增大、轴承内部有无异常声响，并加强轴承温度监视。若无法消除，应停机处理。

（5）轴瓦温度超过 65 ℃，经处理无效，且继续上升，应停机检查。

（6）轴承油面下降时，应立即停机，进行相应处理。

（7）轴承冷却器漏水时，应立即停机后更换或修复冷却器，并进行 1.5 倍工作压力耐压试验。

（8）轴承冷却水受阻或中断时，应停机检查。

（9）机组振动、摆度超过允许值时，应避开该负荷运行；若一时无法处理，应停机检查原因。

（10）没有制动装置的机组应进行改造，不应采用木垫块或木棍等人工方式制动。

（11）应消除危及人身、设备安全的其他故障。

4.2.3 发电机维护内容如下：

（1）发电机过负荷时，应与调度联系减少无功负荷；若减少励磁电流不能使定子电流降到额定值，则应降低发电机有功负荷；当电力系统发生事故时，应遵守发电机事故过负荷规定，并应严格监视定子线圈温度。

（2）监视发电机、励磁系统等转动部分的声响、振动、气味等，发现异常情况应及时处理上报。励磁系统一点接地时，应停机处理。

（3）发电机温度不正常时，应检查测温装置和所测部件是否正常。

（4）电压互感器回路故障时，应检查二次回路熔丝；当处理二次回路熔丝不能消除故障时，应申请停机处理。

（5）发电机操作电源消失时，应检查发电机操作电源熔丝是否熔断；操作回路监视继电器是否断线；接线端子是否松动；发电机断路器跳闸、合闸线圈是否断线；辅助触点是否接触不良。当故障无法消除时，应停机处理。

（6）检查一次回路、二次回路各连接处有无发热、变色，电压、电流互感器有无异常声响，油断路器的油位、油色是否正常等。

（7）发电机应定期进行预防性试验，试验周期及项目应按现行行业标准《电力设备预防性试验规程》（DL/T 596）的有关规定执行。

4.2.4　调速系统维护检修内容如下：

（1）检查油压装置部件，包括电接点压力表、油泵、油泵电动机、安全阀、紧急停机电磁阀及紧急停机时间调整机构、压力油罐和回油箱的可视液位计、主油阀、油泵控制箱。

（2）检查液压控制部件，包括滤油器中滤芯、滤油器压力表、液压阀块的渗油。

（3）定期给调速器销轴注油。

（4）经常检查调速器压力油罐油气比是否合格。

（5）观察调速器电气部件、元件的运行状况。

（6）检查外部操作回路。

（7）检查外观。

4.2.5　励磁系统检修维护内容如下：

（1）屏柜及整流元件积尘清扫。

（2）检查励磁系统操作回路。

（3）检查各开关机构。

（4）励磁系统过电压保护、限制及其他辅助功能单元检查。

（5）励磁调节器输入、输出整体性能及移相范围检查。

（6）运行缺陷处理。

4.2.6　变压器大修内容如下：

（1）吊出芯子进行检修。

（2）绕组、引线及磁屏蔽装置检修。

（3）分接开关检修。

（4）铁芯、穿心螺丝、轭梁、压钉及接地片等检修。

（5）油箱、套管、散热器、安全气道及储油柜等检修。

（6）保护装置、测量装置及操作控制箱检查、试验。

（7）变压器油处理。

（8）变压器油保护装置检修。

（9）封衬垫更换。

（10）油箱内部清洁，油箱外壳及附件除锈、涂漆。

（11）必要时对绝缘进行干燥处理。

（12）进行规定的测量和试验。

（13）变压器应按现行行业标准《电力设备预防性试验规程》（DL/T 596）的有关规定进行预防性试验。

4.3　金属结构设备养护与维修

4.3.1　闸门养护主要采取下列措施：

（1）及时清理闸门及门槽上的水生植物、杂物、污物等附着物，寒冷地区冬季结冰时，及时清除闸门处冰凌及其他障碍物。

（2）保持闸门转（移）动轨道润滑良好。

（3）及时更换老化、磨损、撕裂的止水。

（4）闸门防腐应采取涂层保护或阴极保护。

4.3.2　闸门启闭机养护主要采取下列措施：

（1）及时添加或更换液压油，保证设备润滑良好。

（2）定期清理钢丝绳和滑轮表面的污物并涂抹油脂保护。

（3）定期清理减速器和齿轮，定期过滤、更换液压油。

4.3.3　压力钢管养护主要采取下列措施：

（1）对渗水严重且已老化的伸缩节止水圈应进行更换。

（2）钢管锈蚀严重或损坏程度达到现行行业标准《水利水电工程金属结构报废标准》（SL 226）的有关规定时，应进行更换。

（3）不均匀沉降的镇、支墩应进行加固处理。

（4）老化严重的钢筋混凝土管道应进行更换。

4.3.4　拦污栅养护主要采取下列措施：

拦污栅应及时除锈，无破损、变形，应保证有足够的过水面积。有淤砂、污物堵塞应及时清除。

4.4　安全旁站

存在危险作业的小水电生产经营单位应建立安全旁站机制，实施危险作业时，专职管理人员应对作业实施情况进行现场旁站，并执行以下条款：

4.4.1 安全生产管理部门应结合施工进度计划和安全风险控制清单，组织制订"安全旁站工作计划"，审批后方可实施。

4.4.2 安全旁站人员应认真履行职责，发现未按照作业方案实施的，应当要求立即整改，并及时报告，要求及时组织落实整改；发现有危及人身安全紧急情况的，应当立即组织作业人员撤离危险区域。

4.4.3 安全旁站人员应认真填写"安全旁站记录"，开展安全生产检查时，应将旁站情况纳入检查范围。

4.4.4 安全生产管理部门应对照"安全旁站工作计划"开展监督检查，保存检查及安全旁站记录。

5 安全生产管理

5.1 组织管理要点

小水电站要运行安全，组织管理要到位，应制订运行人员守则、岗位责任制、交接班制度、巡回检查制度等。设备运行发电前，合理分配人员，做到独立处理突发性故障。

5.2 岗位安全职责

本节"岗位安全职责"具体指小型水库防汛"三个责任人"岗位职责。"三个责任人"指小型水库防汛行政责任人、防汛技术责任人和防汛巡查责任人，三者分别由地方人民政府、水库主管部门、水库管理单位（产权所有者）相关负责人或具有相应履职能力的人员担任。

5.2.1 防汛行政责任人的主要职责：

（1）负责水库防汛安全组织领导。

（2）组织协调相关部门解决水库防汛安全重大问题。

（3）落实巡查管护、防汛管理经费保障。

（4）组织开展防汛检查、隐患排查和应急演练。

（5）组织水库防汛安全重大突发事件应急处置。

（6）定期组织开展和参加防汛安全培训。

5.2.2 防汛技术责任人的主要职责：

（1）为水库防汛管理提供技术指导。

（2）指导水库防汛巡查和日常管护。

（3）组织或参与防汛检查和隐患排查。

（4）掌握水库大坝安全鉴定结论。

（5）指导或协助开展安全隐患治理。

（6）指导水库调度运用和水雨情测报。

（7）指导应急预案编制，协助并参与应急演练。

（8）指导或协助开展水库突发事件应急处置。

（9）参加水库大坝安全与防汛技术培训。

5.2.3　防汛巡查责任人的主要职责：

（1）负责大坝巡视检查。

（2）做好大坝日常管护。

（3）记录并报送观测信息。

（4）坚持防汛值班值守。

（5）及时报告工程险情。

（6）参加防汛安全培训。

5.3　安全教育培训

5.3.1　安全教育培训制度应明确归口管理部门、培训的对象与内容、组织与管理、检查和考核等要求。

5.3.2　定期识别安全教育培训需求，编制培训计划，按计划进行培训，对培训效果进行评价，并根据评价结论进行改进，建立教育培训记录、档案。

5.3.3　主要负责人和安全生产管理人员，必须具备相应的安全生产知识和管理能力，按规定经有关部门培训考核合格后方可上岗任职，按规定进行复审、培训。

5.3.4　新员工上岗前应接受三级安全教育培训，并考核合格。

5.3.5　在新工艺、新技术、新材料、新设备投入使用前，应根据技术说明书、使用说明书、操作技术要求等，对有关管理人员、操作人员进行有针对性的安全技术和操作技能培训和考核。

5.3.6　作业人员转岗、离岗 3 个月以上重新上岗前，应进行安全教育培训，经考核合格后上岗。

5.4　生产安全管理要点

5.4.1　对每台设备建立台账，并在每次维修后都要做试验记录，随时对设备的运行状况进行分析。

5.4.2 全体运行人员参与设备管理,运行人员必须掌握设备的性能、工作原理,并熟悉常见的故障及处理,加强设备的维护。

5.4.3 建立良好的反馈制度:当天的记录数据进行上报,共同研究讨论问题所在,解决问题,并做好记录。

5.5 技术管理要点

5.5.1 加强技术组织管理:对管理实行分级负责管理制,责任到人。定期进行技术经验交流,总结工作,组织技术人员对活动成果分析归类并进行技术攻关。建立设备运行、维护、检修的分析制度,保证小水电站机组检修质量。水电站设备检修后要分级验收,详细地记录更换设备零部件的名称、型号、数量,以及主要的技术参数,然后分类保存。

5.5.2 加强运行管理:运行中要根据实际情况做好运行记录,规范操作,对运行中的仪表指示、运行记录及设备操作等反映的问题进行分析。

5.5.3 加强设备维护检修管理:必须做到安全生产,修必修好,并在维修中进行技术更新,改善设备性能,保证设备安全。

5.5.4 加强技术监督:应运用各种科学试验方法对设备进行检验和检测,保证设备有良好的技术状况。

5.6 设备设施管理

5.6.1 挡水建筑物

大坝、闸坝、堰坝、前池等应定期进行维护和观测,定期进行安全检查,并按规定进行安全监测。基础稳定,无异常渗漏现象;坝体结构无老化、错位、贯通性裂纹或洞穴;边坡稳定,无隐患;坝顶路面平整,抢险通道畅通;充排水(气)系统工作正常;各类观测、监测设备完好。

5.6.2 泄水建筑物

溢洪道、泄洪洞、泄洪孔等应定期进行维护和观测,并按规定进行安全监测。基础稳定,溢流面无冲蚀现象,边坡稳定,无异常渗漏和其他隐患。

5.6.3 引水渠道、渡槽、涵管、尾水渠

应定期进行维护和观测。结构稳定,衬砌良好,无淤积、漏水、老化、错位、

坍塌现象，边坡稳定，无隐患。

5.6.4 隧洞

应定期进行维护和检查。围岩稳定，无坍塌、异常渗漏，能满足电站突然开、停机要求。

5.6.5 调压室（井、塔）

应定期进行维护和观测。结构稳定，无塌陷、变形、破损和漏水现象；顶部布置能满足负荷突变时涌浪的要求，有顶盖的调压井通气良好；附属设施（栏杆、扶手、楼梯、爬梯）和必要的水位观测应完整、可靠。

5.6.6 压力管道

应定期进行维护和观测，并按规定进行检测。钢筋混凝土压力管道应伸缩节完好，无渗漏，混凝土无老化、剥蚀和钢筋外露现象。压力钢管内、外壁维护良好，定期进行防腐处理；焊缝无开裂，伸缩节完好，无渗漏。支墩与镇墩结构稳定，混凝土无老化、开裂、位移、沉陷、破损现象。

5.6.7 启闭机房、发电厂房

应定期进行巡查维护并形成记录。排水、通风、防潮、防水满足安全运行要求；基础稳定，无裂缝、漏水等缺陷。

5.6.8 升压站设施

应定期进行巡查维护并形成记录。厂区外的屋外配电装置场地四周应设置 2.2 ～ 2.5 m 高的实体围墙，围墙边坡稳定无隐患，结构稳定可靠；厂区内的屋外配电装置场地周围应设置围栏，高度应不小于 1.5 m，隔挡间距不超过 0.2 m，金属围栏应可靠接地。升压站内地面平整，无杂草，排水正常，操作道和巡视道完善，电缆沟及各设备基础稳定。

5.6.9 泄洪闸门

应双回路供电并配备应急电源；按规定进行维护、检测，每年汛前进行检修和启闭试验。闸门门体、主梁、支臂、纵梁等构件良好，无超标变形、锈蚀、磨损、表面缺陷和焊缝缺陷，启闭动作正常，锁定装置可靠。

5.6.10 进水口拦污排、拦污栅、进水口闸门、尾水渠闸门

应按规定进行维护、检测。外观良好，无超标变形、锈蚀、磨损、表面缺陷和焊缝缺陷，启闭动作正常，锁定装置可靠，平压设备（充水阀或旁通阀）可靠。

5.6.11　启闭机

应按规定进行维护、检测。工作正常，电控部分绝缘良好，主要受力构件无明显变形、磨损、裂纹、漏油。

5.6.12　水轮机

应定期进行维护、试验。设备外观基本完好，机组振动、摆度、噪声符合标准，稳定性良好；各轴承温度、油质等符合标准且无漏油、甩油现象；主轴密封、导叶套筒无严重漏水现象。

5.6.13　调速器

应定期进行维护、试验。各参数符合设计要求，调节性能良好。在紧急停机时能自动安全关闭，关闭时间符合调节保证计算要求；调速器油压装置工作正常。

5.6.14　主阀

应定期进行维护、试验。关闭严密，传动灵活可靠，启闭阀门时间符合要求，旁通阀门运行正常；主阀油压装置工作正常；保护涂料完整，无锈蚀现象。

5.6.15　油气水系统

应定期进行巡查、维护。各管道设置符合要求，无裂损和超标锈蚀，无有害振动、变形和明显渗漏，各阀门防腐涂装到位，密封良好，动作灵活可靠；各类管道测控元件工作可靠，压力泵及控制回路工作正常；储油罐、油处理室整洁。

5.6.16　发电机

应按规程规定的周期进行维护、检修和试验。定子、转子温度、温升符合规程要求；轴承、绕组无过热，轴承无漏油；机组停机制动安全可靠；定子、转子绕组的绝缘电阻和直流电阻应符合要求。

5.6.17　励磁装置

应按规程规定的周期进行维护、检修和试验。工作正常，调节性能良好，符合规程要求；集电环、碳刷工作正常，无明显跳火、电灼伤；灭磁开关自动分、合闸性能良好。

5.6.18　变压器

应按规程规定的周期进行维护、检修和试验。各部件应完整无缺，外观无明显锈蚀，套管无损伤，标志正确，套管、油枕的油色油位正常，吸潮剂未变色；本体无渗油、无过热现象；安装位置的安全距离等符合规范要求；线圈、套管和绝缘油（包括套管油）的各项试验符合规程或有关规定的要求。

5.6.19　配电装置

应按规程规定的周期进行维护、检修和试验。

断路器及隔离开关操作灵活，闭锁装置动作正确、可靠，无明显过热现象，能保证安全运行；断路器、隔离开关额定电压、额定电流、遮断容量均满足设计要求。

油浸式互感器油色、油位正常，无渗漏油。

高压熔断器无电腐蚀现象；电缆绝缘层良好，无脱落、剥落、龟裂等现象，母线、支持绝缘子及构架能满足安全运行的要求，无过热现象，安装、敷设、防火符合规程规定。

5.6.20　自控系统及继电保护系统

应按规程规定的周期进行维护、检修和试验。各部分信号装置、指示仪表动作可靠，指示正确，在正常及事故情况下能满足保护与监控要求；设备无过热现象，外壳和二次侧的接地牢固可靠；配线整齐，连接可靠，标志和编号齐全，并有符合实际的接线图册；保护定值符合要求。

5.6.21　防雷和接地

应按规程规定进行维护、检修和试验。防雷装置配置齐全完整，接地装置及接地电阻符合规程要求。

5.6.22　厂用电、直流系统

应按规程规定的周期进行维护、检修和试验。厂用电应供电可靠。直流系统容量、电压、对地绝缘应满足要求。事故照明应规范设置，性能可靠。

5.6.23　通信系统

应按规程规定的周期进行维护、检修和试验。运行可靠，满足设备运行或调度要求。

5.6.24　特种设备

起重设备、压力容器等特种设备，应定期由特种设备检验、检测机构进行检验，检测合格，并能正常安全运行。

5.6.25　备品备件

易损件如密封胶、垫、圈、熔丝、接触器、线圈等应有库存备品。备品的采购和使用应形成记录。

5.7 消防安全管理

5.7.1 消防安全管理制度

5.7.1.1 消防安全管理应当落实逐级消防安全责任制和岗位消防安全责任制，明确逐级和岗位消防安全职责，确定各级、各岗位的消防安全责任人。

5.7.1.2 建立消防安全例会制度，定期召开消防安全例会。

5.7.1.3 建立防火巡查和防火检查制度，确定巡查和检查的人员、内容、部位和频次。

5.7.1.4 通过多种形式开展经常性的消防安全宣传与培训。

5.7.1.5 建立疏散设施管理制度，明确消防安全疏散设施管理的责任部门和责任人，定期维护、检查的要求，确保安全疏散设施的管理要求。

5.7.1.6 建立消防设施管理制度，其内容应明确消防设施管理的责任部门和责任人，消防设施的检查内容和要求。

5.7.1.7 建立火灾隐患整改制度，明确火灾隐患整改责任部门、责任人、整改的期限和所需经费来源。

5.7.1.8 建立用电防火安全管理制度，明确用电防火安全管理的责任部门和责任人。

5.7.1.9 建立用火、动火安全管理制度，并应明确用火、动火管理的责任部门和责任人，用火、动火的审批范围、程序和要求及电气焊工的岗位资格及其职责要求等内容。

5.7.1.10 建立易燃易爆化学物品管理制度，明确易燃易爆化学物品管理的责任部门和责任人。

5.7.1.11 建立消防安全重点部位管理制度，确定消防安全重点部位，并明确消防安全管理的责任部门和责任人。

5.7.1.12 建立消防档案管理制度，其内容应明确消防档案管理的责任部门和责任人，消防档案的制作、使用、更新及销毁的要求。

5.7.1.13 制订有针对性的灭火和应急疏散预案，并开展消防演练。

5.7.2 消防设施、器材管理制度

5.7.2.1 消防设施、器材管理应明确责任部门和责任人，消防设施的检查内容和要求，消防设施定期维护保养的要求。

5.7.2.2 消防设施管理应符合下列要求：

（1）消火栓应有明显标识。

（2）室内消火栓箱不应上锁，箱内设备应齐全、完好。

（3）室外消火栓不应埋压、圈占；距室外消火栓、水泵接合器 2.0 m 范围内不得设置影响其正常使用的障碍物。

（4）确保消防设施和消防电源始终处于正常运行状态；需要维修时，应采取相应的措施，维修完成后，应立即恢复到正常运行状态。

（5）按照相关标准定期检查、检测消防设施，并做好记录，存档备查。

5.7.2.3 消防控制室应保证其环境满足设备正常运行的要求，设置消防设施平面布置图及灭火和应急疏散预案等。

5.8 风险管控与隐患排查治理

5.8.1 对本单位的设备、设施或场所等进行危险源辨识，确定重大危险源和一般危险源；对危险源的安全风险进行评估，确定安全风险等级。

5.8.2 对确定为重大风险等级的一般危险源和重大危险源，要"一源一案"制订应急预案，进行重点管控；要按照职责范围报属地水行政主管部门备案，危险化学品重大危险源要按照规定同时报有关应急管理部门备案。

5.8.3 结合安全检查，定期组织排查事故隐患，建立事故隐患报告和举报奖励制度，对隐患进行分析评价，确定隐患等级，并形成记录。

5.8.4 一般事故隐患应立即组织整改排除；重大事故隐患应制订并实施事故隐患治理方案，做到整改措施、整改资金、整改期限、整改责任人和应急预案"五落实"。

5.8.5 隐患治理完成后，按规定对治理情况进行评估、验收。重大事故隐患治理工作结束后，应组织本单位的安全管理人员和有关技术人员进行评估、验收。

6 应急管理

6.1 生产安全事故应急预案编制程序和内容

水电站运行管理单位应当制订本单位生产安全事故应急预案，与所在地县级以上地方人民政府组织制订的生产安全事故应急预案相衔接，并定期组织演练。

6.1.1 应急预案编制程序

应急预案编制程序包括成立应急预案编制工作组、资料收集、风险评估、应急资源调查、应急预案编制、桌面推演、应急预案评审和批准实施 7 个步骤。

6.1.1.1 成立应急预案编制工作组

结合本单位职能和分工，成立以单位有关负责人为组长，单位相关部门人员（如生产、技术、设备、安全、行政、人事、财务）参加的应急预案编制工作组，明确工作职责和任务分工，制订工作计划，组织开展应急预案编制工作。预案编制工作组中应邀请相关救援队伍及周边相关企业、单位或社区代表参加。

6.1.1.2 资料收集

应急预案编制工作组应收集下列相关资料：

（1）适用的法律法规、部门规章、地方性法规和政府规章、技术标准和规范性文件。

（2）小水电站周边地质、地形、环境情况及气象、水文、交通资料。

（3）小水电站周边功能区划分、建（构）筑物平面布置及安全距离资料。

（4）小水电站操作流程、工艺参数、作业条件、设备装置及风险评估资料。

（5）小水电站历史事故与隐患、国内外同行业事故资料。

（6）属地政府及主管部门、单位应急预案。

6.1.1.3 风险评估

生产安全事故风险评估主要包括以下内容：

（1）辨识小水电运行管理单位存在的危险因素，确定可能发生的生产安全事故类别。

（2）分析各种事故类别发生的可能性、危害后果和影响范围。

（3）评估确定相应事故类别的风险等级。

6.1.1.4 应急资源调查

全面调查和客观分析本单位及周边单位和政府部门可请求援助的应急资源情况，撰写应急资源调查报告，其内容主要有：

（1）本单位可调用的应急队伍、装备、物资、场所。

（2）针对运行和养护维修过程中存在的风险可采取的监测、监控和报警手段。

（3）主管部门、当地政府及周边企业可提供的应急资源。

（4）可协调使用的医疗、消防、专业抢险救援机构及其他社会化应急救援力量。

6.1.1.5 应急预案编制

应急预案编制工作主要包括下列内容：

（1）依据事故风险评估及应急资源调查结果，结合本单位组织管理体系和小水电运行、维护过程中危险源种类及当地水文气象历史资料等，合理确定本单位应急预案体系。

（2）结合组织管理体系和部门职能划分，科学设定本单位应急组织机构及职责分工。

（3）依据事故可能的危害程度和区域范围，结合应急处置权限及能力，清晰界定本单位的响应分级标准，制订相应层级的应急处置措施。

（4）按照有关规定和要求，确定事故信息报告、响应分级与启动、指挥权移交、警戒疏散方面的内容，落实与主管部门和当地政府应急预案的衔接。

6.1.1.6 桌面推演

按照应急预案明确的职责分工和应急响应程序，结合有关经验教训，相关部门及其人员可采取桌面推演的形式，模拟生产安全事故应对过程，逐步分析讨论并形成记录，检验应急预案的可行性，并进一步完善应急预案。

6.1.1.7 应急预案评审

1）评审形式

应急预案编制完成后，小水电运行管理单位应按法律法规有关规定组织评审或论证。参加应急预案评审的人员可包括有关安全生产及应急方面的有现场处置经验的专家。应急预案论证可通过推演的方式开展。

2）评审内容

应急预案评审内容主要包括：风险评估和应急资源调查的全面性、应急预案体系设计的针对性、应急组织体系的合理性、应急响应程序和措施的科学性、应急保障措施的可行性、应急预案的衔接性。

3）应急预案评审程序

应急预案评审程序包括下列步骤：

（1）评审准备。成立应急预案评审工作组，落实参加评审的专家，将应急预案、编制说明、风险评估、应急资源调查报告及其他有关资料在评审前送达参加评审的单位或人员。

（2）组织评审。评审采取会议审查的形式，单位主要负责人参加会议，会议由参加评审的专家共同推选出的组长主持，按照议程组织评审；表决时，应有不少于出席会议专家人数的三分之二同意方为通过；评审会议应形成评审意见（经评审组组长签字），附参加评审会议的专家签字表。表决的投票情况应以书面材料记录在案，并作为评审意见的附件。

（3）修改完善。小水电运行管理单位应认真分析研究，按照评审意见对应急预案进行修订和完善。评审表决不通过的，该单位应修改完善后按评审程序重新组织专家评审，重新评审时应写出根据专家评审意见的修改情况说明，并经专家组组长签字确认。

6.1.2 生产安全事故应急预案主要内容

6.1.2.1 危险源

根据小水电实际情况，找出可能存在的危险源，并进行监控，常见的危险源有：

（1）高处坠落及物体打击事故预防监控措施。

（2）机械伤害事故预防监控措施。

（3）火灾事故预防监控措施。

（4）触电预防措施。

（5）中毒预防措施。

（6）易燃、易爆危险品引起火灾、爆炸事故预防监控措施。

6.1.2.2　响应分级

根据事故危害程度、影响范围和小水电运行管理单位控制事态的能力，对事故应急响应进行分级，明确分级响应的基本原则。响应分级不必照搬事故分级。

6.1.2.3　应急组织机构及职责

成立生产安全事故应急指挥部，统一指挥生产安全事故的应急处置工作。指挥部应包括电站安全生产监管主体责任人、主要领导、分管领导及技术负责人，成员应视具体组织机构而定，包括但不限于安全监管负责人、水库大坝管理单位负责人、输电线路维修部门负责人、发电运行部门负责人等。

6.1.2.4　应急响应启动

明确响应启动后的程序性工作，包括应急会议召开、信息上报、资源协调、信息公开、后勤及财力保障工作。

6.1.2.5　应急处置

明确事故现场的警戒疏散、人员搜救、医疗救治、现场监测、技术支持、工程抢险及环境保护方面的应急处置措施，并明确人员防护要求。

6.1.2.6　应急支援

明确当事态无法控制情况下，向外部救援力量请求支援的程序及要求、联动程序及要求，以及外部救援力量到达后的指挥关系。

6.1.2.7　应急结束

应急结束包括程序结束和后期处置。事故调查报告批复后，应根据事故调查报告对事故责任人的处理和事故防范措施积极落实，立即进行生产秩序恢复前的污染物处理、必要设备设施的抢修、人员情绪的安抚及抢险过程应急抢救能力评估和应急预案的修订工作。

6.1.2.8　应急保障

（1）通信与信息保障。明确应急保障的相关单位及人员通信联系方式和方法，以及备用方案和保障责任人。

（2）应急队伍保障。明确相关的应急人力资源，包括专家、专兼职应急救援队伍及协议应急救援队伍。

（3）物资装备保障。明确本单位的应急物资和装备的类型、数量、性能、存放位置、运输和使用条件、更新及补充时限、管理责任人及其联系方式，并建立台账。

6.2　生产安全事故应急救援措施及事故处理相关规定

6.2.1　应急救援措施

发生生产安全事故后，生产经营单位应当立即启动生产安全事故应急救援预案，采取下列一项或者多项应急救援措施，并按照国家有关规定报告事故情况：

（1）迅速控制危险源，组织抢救遇险人员。

（2）根据事故危害程度，组织现场人员撤离或者采取可能的应急措施后撤离。

（3）及时通知可能受到事故影响的单位和人员。

（4）采取必要措施，防止事故危害扩大和次生、衍生灾害发生。

（5）根据需要请求邻近的应急救援队伍参加救援，并向参加救援的应急救援队伍提供相关技术资料、信息和处置方法。

（6）维护事故现场秩序，保护事故现场和相关证据。

（7）法律、法规规定的其他应急救援措施。

安全生产监督管理部门和负有安全生产监督管理职责的有关部门接到事故报告后，应当依照下列规定上报事故情况，并通知公安机关、劳动保障行政部门、工会和人民检察院。

（1）特别重大事故、重大事故逐级上报至国务院安全生产监督管理部门和负有安全生产监督管理职责的有关部门。

（2）较大事故逐级上报至省、自治区、直辖市人民政府安全生产监督管理部门和负有安全生产监督管理职责的有关部门。

（3）一般事故上报至设区的市级人民政府安全生产监督管理部门和负有安全生产监督管理职责的有关部门。

安全生产监督管理部门和负有安全生产监督管理职责的有关部门依照前款规定上报事故情况，应当同时报告本级人民政府，国务院安全生产监督管理部门和负有安全生产监督管理职责的有关部门及省级人民政府接到发生特别重大事故、重大事故的报告后，应当立即报告国务院。必要时，安全生产监督管理部门和负有安全生产监督管理职责的有关部门可以越级上报事故情况。

6.2.2 生产安全事故上报时限规定

（1）事故发生后，事故现场有关人员应当立即向本单位负责人报告。

（2）单位负责人接到报告后，应当于 1 h 内向事故发生地县级以上人民政府安全生产监督管理部门和负有安全生产监督管理职责的有关部门报告。

（3）安全生产监督管理部门和负有安全生产监督管理职责的有关部门逐级上报事故情况，每级上报的时间不得超过 2 h。

6.2.3 生产安全事故调查和处理原则

（1）事故原因未查清不放过。

（2）事故责任人未受到处理不放过。

（3）相关人员未受到教育不放过。

（4）未制订切实可行的整改措施不放过。

6.2.4 生产安全事故等级划分

根据生产安全事故（以下简称事故）造成的人员伤亡或者直接经济损失，事故一般分为以下等级：

（1）特别重大事故，是指造成 30 人以上死亡，或者 100 人以上重伤（包括急性工业中毒，下同），或者 1 亿元以上直接经济损失的事故。

（2）重大事故，是指造成 10 人以上 30 人以下死亡，或者 50 人以上 100 人以下重伤，或者 5 000 万元以上 1 亿元以下直接经济损失的事故。

（3）较大事故，是指造成 3 人以上 10 人以下死亡，或者 10 人以上 50 人以下重伤，或者 1 000 万元以上 5 000 万元以下直接经济损失的事故。

（4）一般事故，是指造成 3 人以下死亡，或者 10 人以下重伤，或者 1 000 万元以下直接经济损失的事故。

6.3 小型水库大坝防汛应急预案

6.3.1 水库基本情况

6.3.1.1 工程基本情况。水库地理位置、兴建年代、集水面积、洪水标准、特征水位与相应库容，工程地质条件及地震基本烈度，枢纽布置及大坝结构，泄洪设施与启闭设备，防汛道路、通信条件与供电设施，水雨情和工情监测情况，下游河道安全泄量，主管部门、管理机构和管护人员，工程特性表等。

6.3.1.2 大坝安全状况。大坝安全状况及存在的主要安全隐患。

6.3.1.3 上下游影响情况。水库上游水利工程情况，下游洪水淹没范围内集镇、村庄、厂矿、人口及水利工程、基础设施等分布情况。

6.3.1.4 水库运行历史上遭遇的突发事件、应急处置和后果情况等。

6.3.2 突发事件分析

水库大坝突发事件包括超标准洪水、破坏性地震等自然灾害，大坝结构破坏、渗流破坏等工程事故，以及水污染事件等。

突发事件分析应考虑溃坝和不溃坝两种情况，有供水任务的水库还应分析水污染事件影响范围和程度。

（1）溃坝情况。溃坝破坏模式根据工程实际确定。土石坝重点考虑超校核标准洪水导致漫顶溃坝、超设计标准洪水遭遇泄洪设施闸门故障导致库水位被逼高漫顶溃坝、正常蓄水位遭遇地震导致大坝滑坡溃坝、正常蓄水位遭遇穿坝建筑物发生接触渗漏溃坝等情况；混凝土坝或浆砌石坝重点考虑超校核标准洪水导致坝体整体失稳溃坝、超设计标准洪水遭遇泄洪设施闸门故障导致库水位被逼高后坝体整体失稳溃坝、正常蓄水位遭遇地震发生大坝整体失稳溃坝等情况。

（2）不溃坝情况。重点分析在工程运用过程中，遇设计洪水标准和校核洪水标准情况。

6.3.3 洪水后果分析

6.3.3.1 分析突发事件洪水影响范围和程度，主要内容包括出库洪水、洪水演进和洪水风险图。

6.3.3.2 分析方法原则上采用理论计算方法。对洪水影响范围较小的，可参照防汛经验、历史洪水等情况，由水行政主管部门会同属地人民政府确定洪水影响范围。

6.3.3.3 采用理论计算方法分析时，应符合以下要求：

（1）出库洪水主要估算出库洪水最大流量。溃坝情况土石坝按逐步溃决、混凝土坝和浆砌石坝按瞬时全溃估算，不溃坝情况按设计和校核标准查算下泄洪水。

（2）洪水演进主要估算最大淹没范围和洪水到达时间。根据下游区域地形条件和历史洪水情形，估算洪水淹没范围和到达时间。

（3）洪水风险图主要明确淹没范围和保护对象。根据洪水淹没范围查明城镇、村庄、厂矿人口及重要设施等情况，确定人员转移路线和安置点。

6.3.4 应急组织

6.3.4.1 水库所在地人民政府是水库大坝突发事件应急处置的责任主体，负责或授权相关部门组织协调突发事件应急处置工作。水库主管部门、水库管理单位（产权所有者）和水行政主管部门负责预案制订、宣传、演练，巡视检查、险情报告和跟踪观测，并根据自身职责参与突发事件应急处置工作。

6.3.4.2 按照属地管理、分级负责的原则，明确水库大坝突发事件应急指挥机构和指挥长、成员单位及其职责。应急指挥长应由地方人民政府负责人担任，可下设综合协调、技术支持、信息处理、保障服务小组，各组成员可由县乡人民政府及应急、水利、公安、通信、交通、电力、卫生、民政等部门及影响范围内村组人员组成。

应绘制预案应急组织体系框架图，明确地方人民政府及相关部门与应急指挥机构、水库主管部门与管理单位（产权所有者）等相关各方在突发事件应急处置中的职责与相互之间的关系。

6.3.4.3 地方人民政府负责组建应急管理机构，职责为：落实应急指挥机构指挥长；确定应急指挥成员单位组成，明确其职责、责任人及联系方式；组织协调有关部门开展应急处置工作。

6.3.4.4 水行政主管部门负责提供专业技术指导，职责为：参与预案实施全过程，提供应急处置技术支撑；参与应急会商，完成应急指挥机构交办的任务；协助建立应急保障体系，指导预案演练。

6.3.4.5 水库主管部门负责组织预案编制和险情处置，职责为：筹措编制经费，组织预案编制；参与预案实施全过程，组织开展工程险情处置；参与应急会商，完成应急指挥机构交办的任务；组织预案演练。

6.3.4.6 水库管理单位（产权所有者）负责巡视检查、险情报告和跟踪观测，职责为：筹措编制经费，共同组织预案编制；负责巡视检查、险情报告和跟踪观测；参与预案实施全过程，配合开展工程抢险和应急调度，完成应急指挥机构交办的任务；参与预案演练。

6.3.4.7 防汛行政、技术、巡查三个责任人按照履职要求，参与应急处置相关工作。

6.3.5 监测预警

6.3.5.1 水库巡查人员应当通过水雨情测报、巡视检查和大坝安全监测等手段，对水库工程险情进行跟踪观测。

6.3.5.2　当水雨情、工程险情达到一定程度时，巡查人员应立即报告技术责任人。情况紧急时，可越级向大坝安全政府责任人、防汛行政责任人、当地政府应急部门等报告。发生溃坝险情时，可直接向下游淹没区发布警报信息。

（1）明确报告条件。当遭遇以下情况时，应当立即将情况报告有关部门。不同情况对应的有关部门应予以明确。

①遭遇持续强降雨，库水位超正常蓄水位或溢洪道堰顶高程，且继续上涨。

②遭遇强降雨，库水位上涨，泄洪设施边坡滑坡堵塞进口或行洪通道。

③遭遇强降雨，库水位上涨，泄洪设施闸门无法开启。

④大坝出现裂缝、塌陷、滑坡、渗漏等险情。

⑤供水水库水质被污染。

⑥其他危及大坝安全或公共安全的紧急事件。

（2）明确报告时限。发生突发事件时，巡查人员等发现者应当立即报告有关部门。有关部门应当根据突发事件情形，及时报告上级有关部门，对出现溃坝、决口等重大突发事件，应按有关规定报告国家有关部门。上述有关部门均应予以明确。

（3）明确报告内容。报告内容应包含水库名称、地址，事故或险情发生时间、简要情况。

（4）明确报告方式。突发事件报告可采用固定电话、移动电话、超短波电台、卫星电话等方式，确保有效可靠。

（5）书面报告要求。后续报告应当以书面形式报告，主要内容包含水库工程概况、责任人姓名及联系方式，工程险情发生时间、位置、经过、当前状况、已经采取的应对措施，造成的伤亡人数等。

6.3.5.3　水库防汛技术责任人接到巡查人员报告后，应立即向大坝安全政府责任人、防汛行政责任人及当地人民政府应急部门和防汛指挥机构报告，并立即赶赴水库现场，指导巡查人员加强库水位和险情变化等跟踪观测，做好观测记录与后续报告。

6.3.5.4　应急指挥机构根据事件报告，以及降雨量、库水位、出库流量、工程险情及下游灾情等情况，组织应急会商，分析研判事件性质、发展趋势、严重程度、可能后果等，确定预警级别和响应措施，并适时向下游公众、参与应急响应和处置的部门和人员发布预警信息。

6.3.5.5 突发事件预警级别根据可能后果划分为Ⅰ级、Ⅱ级、Ⅲ级、Ⅳ级。预警级别确定的原则如下（各地可根据当地实际情况进行调整）：

Ⅰ级预警（特别严重）：

（1）暴雨洪水导致库水位超过校核洪水位，大坝可能漫顶或即将漫顶。

（2）大坝出现特别重大险情，溃坝可能性大。

（3）洪水淹没区内人口1 500人以上。

Ⅱ级预警（严重）：

（1）暴雨洪水导致库水位超过设计洪水位，可能持续上涨。

（2）大坝出现重大险情，溃坝可能性较大。

（3）洪水淹没区内人口300人以上。

Ⅲ级预警（较重）：

（1）降雨导致库水位超过历史最高洪水位（低于设计洪水位的情形）。

（2）大坝出现较严重险情。

（3）洪水淹没区内人口30人以上。

（4）1 000人以上供水任务的水库水质被污染。

Ⅳ级预警（一般）：

（1）库水位超过正常蓄水位或溢洪道堰顶高程，且库区可能有较强降雨过程。

（2）大坝存在严重安全隐患，出现险情迹象。

（3）1 000人以下供水任务的水库水质被污染。

6.3.6 应急响应

6.3.6.1 预警信息发布后，应立即启动相应级别的应急响应，并采取必要处置措施。当突发事件得到控制或险情解除后，应及时宣布终止。

6.3.6.2 应急响应级别对应于预警级别，相应启动Ⅰ级、Ⅱ级、Ⅲ级、Ⅳ级响应，并根据事态发展变化及时调整响应级别。

6.3.6.3 不同级别的应急响应如下（各地可根据当地实际情况进行调整）：

Ⅰ级响应：

（1）应急指挥长立即赶赴水库现场，确定应对措施，并将突发事件情况报告上级人民政府和有关部门，请求上级支援；

（2）按照人员转移方案，立即组织洪水淹没区人员转移；

（3）快速召集专家组和抢险队伍，调集抢险物资和装备，开展应急处置；

（4）对事件变化和水雨情开展跟踪观测。

Ⅱ级响应：

（1）应急指挥长主持会商确定应对措施，并将突发事件情况报告上级人民政府和有关部门。

（2）应急指挥长带领专家组赶赴现场，召集抢险队伍，调集抢险物资和装备，开展应急处置。

（3）根据事态紧急情况决定人员转移，按照方案有序组织实施。

（4）加强事件变化和水雨情跟踪观测。

Ⅲ级响应：

（1）水行政主管部门（或水库主管部门）组织会商，研究提出应对措施，并将突发事件情况报告地方人民政府和有关部门。

（2）水行政主管部门（或水库主管部门）组织专家，召集抢险队伍，调集抢险物资和装备，开展应急处置。

（3）通知洪水淹没区人员做好转移准备，必要时按人员转移方案进行转移。

（4）加强事件变化和水雨情跟踪观测。

Ⅳ级响应：

（1）水库主管部门（或防汛行政责任人）组织会商，报告防汛行政责任人（或水库主管部门），采取应对措施，将重要情况报告当地人民政府和有关部门。

（2）做好抢险队伍、物资和装备准备，根据情形采取必要的处置措施。

（3）落实现场值守，加强巡视检查和水雨情测报。

6.3.6.4　应急处置措施主要包括以下三个方面：

（1）应急调度。根据突发事件情形和应急调度方案，明确调度权限和操作程序，采取降低库水位、加大泄流能力、控制污染水体等措施，并根据水情、工情、险情及灾情变化情况实时调整。

（2）工程抢险。根据突发事件性质、位置、特点等明确抢险原则、方法、方案和要求，落实抢险队伍召集和抢险物资调集方式。

（3）人员转移。根据洪水淹没区内乡镇村组、街道社区、厂矿企业人口分布和地形、交通条件，制订人员转移方案，明确人员转移路线和安置位置，绘制人员转移路线图，最大限度地保障下游群众的安全。

6.3.7 人员转移

6.3.7.1 根据洪水后果分析成果制订人员转移方案，按照洪水到达前人口转移至安置点或安全地带的原则，确定人员转移范围、先后次序、转移路线、安置地点，落实负责转移工作及组织淹没区乡镇村组、街道社区、厂矿企业等责任单位和责任人，明确通信、交通等保障措施。

利用洪水到达时间差异做好预警，优化人员转移方案，有序组织人员转移。

6.3.7.2 根据淹没区乡镇村组、街道社区、厂矿企业分布和地形、交通条件确定转移路线，以转移时间短、交通干扰少及便于组织实施为设计原则，明确转移人数和路线、安置地点和交通措施，绘制人员转移路线图。

转移范围较大或转移人员较为分散的，可分区域确定转移路线；分区设置转移路线的，应当做好统筹协调，避免干扰。

6.3.7.3 设定转移启动条件，当水库大坝发生突发事件，采取应急调度和工程抢险仍无法阻止事态发展，可能威胁公众生命安全时，应对可能淹没区人员进行转移。

接到人员转移警报、命令或Ⅰ级响应后，应急管理机构应立即组织洪水淹没区人员全部转移；Ⅱ级响应时，组织分区域、分先后依次转移；Ⅲ级响应时，组织做好人员转移准备。

6.3.7.4 明确转移警报方式，在洪水淹没区设置必要的报警设施，确保紧急情况下能够发布人员转移警报。报警方式应事先约定，并通过宣传和演练让公众知晓。

人员转移警报可采用电子警报器、蜂鸣器、沿途喊话、敲打锣鼓等方式，转移准备通知可采用电视、广播、电话、手机短信。

6.3.7.5 明确人员转移组织实施的责任单位和责任人，水库所在地县乡人民政府及淹没区村民委员会、有关单位负责组织人员转移，公安、交通、电力等提供救助和保障。

应急指挥长负责下达人员转移命令，应急指挥机构负责人员转移的组织协调工作。人员转移命令可以根据事态变化做出调整。

6.3.7.6 明确人员安置要求，保障转移人员住宿、饮食、医疗等基本需求，防范次生灾害和山洪、滑坡地质灾害影响，落实安置管理、治安维护要求，禁止转移人员私自返回。

6.3.8　应急保障

6.3.8.1　明确突发事件应急保障条件，并与当地总体应急保障工作相衔接，落实通信、交通、电力、抢险队伍和物资等保障。

6.3.8.2　明确应急抢险与救援队伍责任人、组成和联系方式。

6.3.8.3　明确负责物资保障的责任单位与责任人、存放地点与保管人及联系方式。

6.3.8.4　明确通信、交通、电力保障责任单位与责任人及联系方式。

6.3.8.5　明确专家组、应急救援、人员转移等保障责任单位与责任人及联系方式。

6.3.8.6　落实应急经费预算、执行等管理。

6.3.9　宣传演练

6.3.9.1　明确预案宣传、培训、演练的计划和方案，确定宣传、培训、演练的组织实施单位与责任人。

6.3.9.2　宣传可通过发放手册、宣传标牌和座谈宣讲等方式，培训可采取集中授课、网络授课等方式。

6.3.9.3　演练重点明确紧急集合、指挥协调、工程抢险、人员转移等科目，演练过程可采取桌面推演、实战演练等方式。

6.4　消防应急预案主要内容

6.4.1　小水电站基本情况

6.4.1.1　说明小水电站名称、地址、建筑面积、结构形式及主要人员等情况，还应包括电站总平面图、分区平面图、疏散示意图等。

（1）总平面图应体现电站总体布局，标明其地理位置，周边300～500 m范围内重要建筑、公共消防设施、微型消防站等情况说明，内部主要建筑、设备、通道的毗连情况，消防水源、消火栓分布及火情易发点所在位置。

（2）分区平面图应反映消防水源、各种灭火器材数量的分布，水带铺设路线和人员物资疏散路线等。

（3）疏散示意图应标明各安全出口、疏散通道位置及疏散路线指示等情况说明。

6.4.1.2 小水电站火灾危险源情况：危险源名称、类别、级别、所在部位或项目、事故诱因、可能导致的事故，以及危险源风险等级。

6.4.1.3 小水电站消防设施情况：包括设施类型、数量、性能、参数及产品的规格、型号、生产企业等。

6.4.2 组织机构及职责

6.4.2.1 组织机构：

（1）预案应明确单位的指挥机构，消防安全责任人任总指挥，消防安全管理人员任副总指挥，消防工作归口职能部门负责人参加并组织具体实施。

（2）预案应明确通信联络组、灭火行动组、疏散引导组、防护救护组、安全保卫组、后勤保障组等行动机构。

6.4.2.2 岗位职责：

（1）指挥机构由总指挥、副总指挥、消防归口职能部门负责人组成，负责人员、资源配置，应急队伍指挥调动，协调事故现场等有关工作，批准预案的启动与终止，组织应急预案的演练，组织保护事故现场，收集整理相关数据、资料，对预案实施情况进行总结讲评。

（2）通信联络组由现场工作人员及消防控制室值班人员组成，负责与指挥机构和当地消防部门、区域联防单位及其他应急行动涉及人员的通信、联络。

（3）灭火行动组由自动灭火系统操作员、指定的一线岗位人员和专职或志愿消防员组成，负责在发生火灾后立即利用消防设施、器材就地扑救初起火灾。

（4）疏散引导组由指定的一线岗位人员和专职或志愿消防员组成，负责引导人员正确疏散、逃生。

（5）防护救护组由指定的具有医护知识的人员组成，负责协助抢救、护送受伤人员。

（6）安全保卫组由保安人员组成，负责阻止与场所无关人员进入现场，保护火灾现场，协助消防部门开展火灾调查。

（7）后期保障组由有关物资保管人员组成，负责抢险物资、器材器具的供应及后勤保障。

6.4.2.3 每个行动机构承担任务的人员数量，按照最危险情况下灭火疏散需要足量确定。

6.4.2.4 岗位人员应实行动态管理，保证不因本人所在岗位轮班换岗造成在应急行动中无人负责。

6.4.3　应急响应措施

6.4.3.1　预案的分级。

预案根据设定灾情的严重程度和场所的危险性，从低到高依次分为以下五级：

（1）一级预案是针对可能发生无人员伤亡或被困，燃烧面积小的普通建筑火灾的预案。

（2）二级预案是针对可能发生 3 人以下伤亡或被困，燃烧面积大的普通建筑火灾，燃烧面积较小的高层建筑、地下建筑、人员密集场所、易燃易爆危险品场所、重要场所等特殊场所火灾的预案。

（3）三级预案是针对可能发生 3 人以上 10 人以下伤亡或被困，燃烧面积小的高层建筑、地下建筑、人员密集场所、易燃易爆危险品场所、重要场所等特殊场所火灾的预案。

（4）四级预案是针对可能发生 10 人以上 30 人以下伤亡或被困，燃烧面积较大的高层建筑、地下建筑、人员密集场所、易燃易爆危险品场所、重要场所等特殊场所火灾的预案。

（5）五级预案是针对可能发生 30 人以上伤亡或被困，燃烧面积大的高层建筑、地下建筑、人员密集场所、易燃易爆危险品场所、重要场所等特殊场所火灾的预案。

6.4.3.2　单位制订的各级预案应与辖区消防机构预案密切配合、无缝衔接，可根据现场火情变化及时变更火警等级，响应措施如下：

（1）一级预案应明确由单位值班带班负责人到场指挥，拨打"119"报告一级火警，组织单位志愿消防队和微型消防站值班人员到场处置，采取有效措施控制火灾扩大。

（2）二级预案应明确由消防安全管理人到场指挥，拨打"119"报告二级火警，调集单位志愿消防队、微型消防站和专业消防力量到场处置，组织疏散人员、扑救初起火灾、抢救伤员、保护财产，控制火势扩大蔓延。

（3）三级以上预案应明确由消防安全责任人到场指挥，拨打"119"报告相应等级火警，同时调集单位所有消防力量到场处置，组织疏散人员、扑救初起火灾、抢救伤员、保护财产，有效控制火灾蔓延扩大，请求周边区域联防单位到场支援。

6.4.4 指挥调度

6.4.4.1 预案应明确统一通信方式，统一通信器材。指挥机构负责人应使用统一的通信器材下达指令，行动机构承担任务人员应使用统一的通信器材接收指令和报告动作信息。鼓励统一使用对讲系统。

6.4.4.2 预案应统一规定灭火疏散行动中各种可能的通信用语，通信用词应清晰、简洁，指令、反馈表达完整、准确。

6.4.4.3 预案应设计各种火灾处置场景下的指令、反馈环节，确定不同情况下下达的指令和做出的反馈。

6.4.4.4 预案应要求指挥机构在了解现场火情的情况下，科学下达指令，使到达一线参与灭火行动的人员位置、数量、构成符合灭火行动需要。

6.4.4.5 预案应要求指挥机构了解起火部位、危及部位、受威胁人员分布及数量，科学下达疏散引导行动指令，使到达一线参与疏散引导行动的人员位置、数量、构成符合疏散引导行动需要。

6.4.5 通信联络

6.4.5.1 预案应将应急联络工作中涉及的相关人员、单位的电话号码详列成表，便于使用。

6.4.5.2 预案应明确要求通信联络组承担任务人员做好信息传递，及时传达各项指令和反馈现场信息。

6.4.5.3 预案应对通信联络组承担任务人员进行分工，满足各项通知任务同时进行的要求。

6.4.5.4 预案应明确通信联络组承担任务人员向总指挥、副总指挥、消防部门、区域联防单位等报告火情的基本规范，保证准确传递下列火灾情况信息：

（1）起火单位、详细地址。

（2）起火建筑结构，起火物，有无存储易燃易爆危险品。

（3）起火部位或楼层。

（4）人员受困情况。

（5）火情大小、火势蔓延情况、水源情况等其他信息。

6.4.6 灭火行动

6.4.6.1 设有自动消防设施的单位，预案应要求自动消防设施设置在自动状态，保证一旦发生火灾立即动作；确有特殊原因需要设置在手动状态的，消防控制室值班人员应在火灾确认后立即将其调整到自动状态，并确认设备启动。

6.4.6.2　预案应规定各类自动消防设施启动的基本原则，明确不同区域启动自动消防设施的先后顺序、启动时机、方法、步骤，提高应急行动的有效性。

6.4.6.3　预案应明确保障一线灭火行动人员安全的原则，在本单位火灾类别范围内，规定灭火行动组一线人员进入现场扑救火灾的范围、撤离火灾现场的条件、撤离信号和安全防护措施。

6.4.6.4　预案应根据承担灭火行动任务人员岗位经常位置，规定灭火行动组在接到通知或指令后立即到达现场的时间要求。

6.4.6.5　预案应规定不同性质的场所火灾所使用的灭火方法，并明确一线灭火行动可使用的灭火器、消火栓等消防设施、器材，指出迅速找到消防设施、器材的途径和方法。

6.4.6.6　预案应明确易燃易爆危险品场所的人员救护、工艺操作、事故控制、灭火等方面的应急处置措施。

6.4.6.7　对完成灭火任务的，预案应要求一线灭火行动人员检查确认后通过通信器材向指挥机构报告。

6.4.7　疏散引导

6.4.7.1　疏散引导行动应与灭火行动同时进行。

6.4.7.2　预案应明确事故现场人员清点、撤离的方式、方法，非事故现场人员紧急疏散的方式、方法，周边区域的单位、社区人员疏散的方式、方法，疏散引导组完成任务后的报告。

6.4.7.3　预案应对同时启用应急广播疏散、智能疏散系统引导疏散、人力引导疏散等多种疏散引导方法提出要求。

6.4.7.4　有应急广播系统的单位，预案应对启动应急广播的时机、播音内容、语调语速、选用语种等做出规定。

6.4.7.5　设置有智能应急照明和疏散逃生引导系统的，预案应明确根据火灾现场所处方位调整疏散指示标志的引导方向。

6.4.7.6　预案应根据疏散引导组人员岗位经常位置，规定疏散引导组在接到通知或指令后立即到达现场的时间要求。

6.4.7.7　预案应对疏散引导组人员的站位原则做出规定，对现场指挥疏散的用语分情况进行规范列举，明确需要佩戴、携带的防毒面具、湿毛巾等防护用品，保证疏散引导秩序井然。

6.4.7.8 预案应对疏散人员导入的安全区域和每个小组完成疏散任务后的站位做出规定。

6.4.8 防护救护

6.4.8.1 预案应明确对事故现场受伤人员进行救护救治的方式、方法，应要求及时拨打急救电话"120"，联系医务人员赶赴现场进行救护。

6.4.8.2 预案应明确实施紧急救护的场地。

6.4.8.3 预案应对危险区的隔离做出规定，包括危险区的设定，事故现场隔离区的划定方式、方法，事故现场隔离方法。

6.4.9 与消防队的配合

6.4.9.1 预案应明确规定单位时刻保持消防车通道畅通，严禁设置和堆放阻碍消防车通行的障碍物。火灾发生时，安全保卫组人员应在路口迎接消防车，为消防车引导通向起火地点的最短路线。其他人员应积极协助消防队开展灭火救援工作。

6.4.9.2 预案应明确单位负责人和熟知情况的人员向到场的消防队提供如下信息：

（1）火灾蔓延情况，包括起火地点、燃烧物体及燃烧范围（火焰、烟的扩散情况等）、是否有易燃易爆危险品或其他重要物品、是否有不能用水扑救或用水扑救后产生有毒有害物质的危险化学品及起火原因等。

（2）人员疏散情况，包括是否有人员被困、疏散引导情况以及受伤人员的状况等。

（3）初期灭火行动，包括初期灭火情况、防火分隔区域构成情况、单位固定灭火设备（室内消火栓、自动喷水灭火设备和紧急用灭火设备等）的状况等。

（4）空调设备使用及排烟设备运行情况，包括空调设备的使用、排烟设备运行及紧急用电的保障情况等。

（5）单位平面图、建筑立面图等消防队需要的其他资料。

6.4.10 应急保障

6.4.10.1 通信与信息保障：

制订信息通信系统及维护方案，保障有 24 h 有效的报警装置和有效的内部、外部通信联络手段，确保应急期间信息通畅。

6.4.10.2 应急队伍保障：说明应急组织机构管理机制，制订每日值班表，保障应急工作需要。

6.4.10.3　物资装备保障：说明单位应急物资和装备的类型、数量、性能、存放位置、运输及使用条件、管理责任人及其联系方式等内容。

6.4.10.4　其他保障：说明经费保障、治安保障、技术保障、后勤保障等其他应急工作需求的相关保障措施。

6.4.11　应急响应结束和后期处置

6.4.11.1　说明现场应急响应结束的基本条件和要求。

6.4.11.2　说明火灾现场警戒保护及协助调查、事故信息发布、污染物处理、故障抢修、恢复生产、医疗救治、人员安置等内容。

6.4.12　应急演练

6.4.12.1　演练的组织：

（1）消防安全重点单位应至少每半年组织一次演练，火灾高危单位应至少每季度组织一次演练，其他单位应至少每年组织一次演练。在火灾多发季节或有重大活动保卫任务的单位，应组织全要素综合演练。单位内的有关部门应结合实际适时组织专项演练，宜每月组织开展一次疏散演练。演练应按照《生产安全事故应急演练基本规范》（AQ/T 9007）的规定组织实施。

（2）单位全要素综合演练由指挥机构统一组织，专项演练由消防归口职能部门或内设部门组织。组织专项消防演练，一般应在消防归口职能部门指导下进行，保证专项演练能够有机融入本单位整体演练要求。

（3）演练应确保安全有序，注重能力提高。

6.4.12.2　演练的准备：

（1）制订实施方案，确定假想起火部位，明确重点检验目标。

（2）可以通知单位员工组织演练的大概时间，但不应告知员工具体的演练时间，实施突击演练，实地检验员工处置突发事件的能力。

（3）设定假想起火部位时，应选择人员集中、火灾危险性较大和重点部位作为演练目标，根据实际情况确定火灾模拟形式。

（4）设置观察岗位，指定专人负责记录演练参与人员的表现，演练结束讲评时做参考。

（5）组织演练前，应在建筑入口等显著位置设置"正在消防演练"的标志牌，进行公告。

（6）模拟火灾演练中应落实火源及烟气控制措施，防止造成人员伤害。

（7）演练会影响顾客或周边居民的，应提前一定时间做出有效公告，避免引起不必要的惊慌。

6.4.12.3 演练的实施：

（1）演练应设定现场发现火情和系统发现火情分别实施，并按照下列要求及时处置：

①对人员现场发现的火情，发现火情的人应立即通过火灾报警按钮或通信器材向消防控制室或值班室报告火警，使用现场灭火器材进行扑救。

②消防控制室值班人员通过火灾自动报警系统或视频监控系统发现火情的，应立即通过通信器材通知一线岗位人员到现场，值班人员应立即拨打"119"报警，并向单位应急指挥部报告，同时启动应急程序。

（2）应急指挥部负责人接到报警后，应按照下列要求及时处置：

①准确做出判断，根据火情，启动相应级别应急预案。

②通知各行动机构按照职责分工实施灭火和应急疏散行动。

③将发生火灾情况通知在场所有人员。

④派相关人员切断发生火灾部位的非消防电源、燃气阀门，停止通风空调，启动消防应急照明和疏散指示系统、消防水泵和防烟排烟风机等一切有利于火灾扑救及人员疏散的设施设备。

（3）从假想火点起火开始至演练结束，均应按预案规定的分工、程序和要求进行。

（4）指挥机构、行动机构及其承担任务人员按照灭火和疏散任务需要开展工作，对现场实际发展超出预案预期的部分，随时做出调整。

（5）模拟火灾演练中应落实火源及烟气控制措施，加强人员安全防护，防止造成人身伤害。对演练情况下发生的意外事件，应予妥善处置。

（6）对演练过程进行拍照、摄录，妥善保存演练相关文字、图片、录像等资料。

6.4.12.4 总结讲评：

（1）演练结束后应进行现场总结讲评。

（2）总结讲评由消防工作归口职能部门组织，所有承担任务的人员均应参加讲评。

（3）现场总结讲评应就各观察岗位发现的问题进行通报，对表现好的方面予以肯定，并强调实际灭火和疏散行动中的注意事项。

（4）演练结束后，指挥机构应组织相关部门或人员总结讲评会议，全面总结消防演练情况，提出改进意见，形成书面报告，通报全体承担任务人员。总结报告应包括以下内容：

①通过演练发现的主要问题。

②对演练准备情况的评价。

③对预案有关程序、内容的建议和改进意见。

④对训练、器材设备方面的改进意见。

⑤演练的最佳顺序和时间建议。

⑥对演练情况设置的意见。

⑦对演练指挥机构的意见等。

7　安全标志

7.1　适用范围

7.1.1　安全标志是向工作人员警示工作场所或周围环境的危险状况，指导人们采取合理行为的标志。

7.1.2　安全标志能够提醒工作人员预防危险，从而避免事故发生；当危险发生时，能够指示人们尽快逃离，或者指示人们采取正确、有效、得力的措施，对危害加以遏制。

7.2　引用文件

《安全色》 GB 2893

《安全标志及其使用导则》 GB 2894

《建筑工程施工现场标志设置技术规程》JGJ 348

《消防安全标志 第 1 部分：标志》GB 13495.1

《公共信息导向系统 设置原则与要求 第 1 部分：总则》GB / T 15566.1

《化学品作业场所安全警示标志规范》AQ 3047

《道路交通标志和标线 第 2 部分：道路交通标志》GB 5768.2

7.3　定义

7.3.1　安全标志是用以表达特定安全信息的标志，由图形符号、安全色、几何形状（边框）或文字构成。按类型分有禁止标志、警告标志、指令标志和提示标志四大类。

7.3.2　安全色是传递安全信息含义的颜色，包括红、蓝、黄、绿四种颜色。

7.3.2.1　红色：传递禁止、停止、消防和危险的信息。

7.3.2.2　黄色：传递注意、警告的信息。

7.3.2.3　蓝色：传递必须遵守规定的指令性信息。

7.3.2.4　绿色：传递安全的提示性信息。

7.3.3　对比色是使安全色更加醒目的反衬色，包括黑色和白色。

7.3.3.1　黑色：用于安全标志的文字、图形符号和警告标志的几何边框。

7.3.3.2　白色：用于安全标志中红、蓝、绿的背景色，也可以用于安全标志的文字和图形符号。

7.3.4　等宽条纹是安全色与对比色的相间条纹为的等宽的条纹，倾斜约为45°。

7.3.4.1　红色与白色相间条纹：表示禁止或提示消防设备、设施位置的安全标记。

7.3.4.2　黄色与黑色相间条纹：表示危险位置的安全标记。

7.3.4.3　蓝色与白色相间条纹：表示指令的安全标记和传递必须遵守规定的指令性信息。

7.3.4.4　绿色与白色相间条纹：表示安全环境的安全标记。

7.3.5　禁止标志是禁止人们不安全行为的图形标志。禁止标志的几何图形是带斜杠的圆环，其中圆环与斜杠相连，用红色；图形符号用黑色，背景用白色，如图 7-1 所示。

7.3.6　警告标志是提醒人们对周围环境引起注意，以避免可能发生危险的图形标志。警告标志的几何图形是黑色的正三角形、黑色符号和黄色背景，如图 7-2 所示。

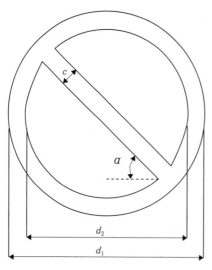

图 7-1　禁止标志

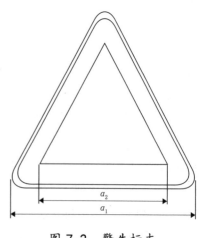

图 7-2　警告标志

7.3.7　指令标志是强制人们必须做出某种动作或采取防范措施的图形标志。指令标志的几何图形是圆形，蓝色背景，白色图形符号，如图 7-3 所示。

7.3.8　提示标志是向人们提供某种信息（如标明安全设施或场所等）的图形标志。提示标志的几何图形是方形，绿色背景，白色图形符号及文字，如图 7-4 所示。

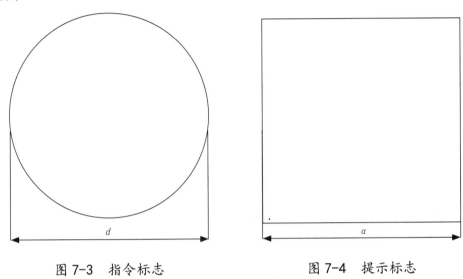

图 7-3　指令标志　　　　　　　图 7-4　提示标志

7.3.9　以上标志参数应符合《安全标志及其使用导则》（GB 2894）的规定。

7.4　安全标志的设置与安装要求

7.4.1　安全标志的设置要求

7.4.1.1　安全标志应设置在与安全有关的明显地方，并保证人们有足够的时间注意其所表示的内容。

7.4.1.2　设立于某一特定位置的安全标志应被牢固地安装，保证其自身不会产生危险，所有的标志均应具有坚实的结构。

7.4.1.3　当安全标志被置于墙壁或其他现存的结构上时，背景色应与标志上的主色形成对比色。

7.4.1.4　对于那些标志上所显示的信息已经无用的安全标志，应立即由设置处卸下，这对于警示特殊的临时性危险的标志尤其重要，否则会导致观察者对其他有用标志的忽视与干扰。

7.4.1.5 多个标志牌在一起设置时，应按警告（黄色）、禁止（红色）、指令（蓝色）、提示（绿色）类型的顺序，先左后右、先上后下排列。

7.4.2 安全标志的安装要求

7.4.2.1 防止危害性事故的发生。首先要考虑：所有标志的安装位置都不可存在对人的危害。

7.4.2.2 可视性。标志牌应设在与安全有关的醒目地方，并使大家看见后，有足够的时间来注意它所表示的内容。环境信息标志宜设在有关场所的入口处和醒目处；局部信息标志应设在所涉及的相应危险地点或设备（部件）附近的醒目处。

7.4.2.3 安装高度。标志牌的平面与视线夹角应接近90°，观察者位于最大观察距离时，最小夹角不低于75°。

7.4.2.4 危险和警告标志。危险和警告标志应设置在危险源前方足够远处，以保证观察者在首次看到标志及注意到此危险时有充足的时间，这一距离随不同情况而变化。例如：警告不要接触开关或其他电气设备的标志，应设置在它们近旁；而大厂区或运输道路上的标志，应设置于危险区域前方足够远的显眼位置，以保证在到达危险区域之前就可观察到此种警告，从而有所准备。

7.4.2.5 标志牌不应设在门、窗、架等可移动的物体上，以免标志牌随母体物体相应移动，影响认读。标志牌前不得放置妨碍认读的障碍物。

7.4.2.6 标志牌应设置在明亮的环境中。

7.4.2.7 标志牌的固定方式分附着式、悬挂式和柱式三种。附着式和悬挂式的固定应稳固不倾斜，柱式的标志牌和支架应牢固地联接在一起。

7.4.2.8 已安装好的标志不应被任意移动，除非位置的变化有益于标志的警示作用。

7.4.2.9 其他要求应符合《公共信息导向系统 设置原则与要求 第1部分：总则》（GB/T 15566.1）的规定。

7.4.3 安全标志的规格

7.4.3.1 标志牌的衬边。除警告标志边框用黄色勾边外，其余全部用白色将边框勾一窄边，即为安全标志的衬边，衬边宽度为标志边长或直径的0.025倍。

7.4.3.2 标志牌的材质。安全标志牌应采用坚固耐用的材料制作，一般不宜使用遇水变形、变质或易燃的材料。有触电危险的作业场所应使用绝缘材料。

7.4.3.3 标志牌表面质量。标志牌应图形清楚，无毛刺、孔洞和影响使用的任何疵病。

7.5 现场主要安全标志及设置要求

7.5.1 现场的下列危险部位和场所应设置安全标志

7.5.1.1 通道口、楼梯口、电梯口和孔洞口。

7.5.1.2 管沟和水池边缘。

7.5.1.3 高差超过 1.5 m 的临边部位。

7.5.1.4 起重、拆除和其他各种危险场所。

7.5.1.5 易燃物、危险气体、危险液体和其他有毒有害危险品存放处。

7.5.1.6 临时用电设施。

7.5.1.7 现场其他可能导致人身伤害的危险部位或场所。

7.5.1.8 现场作业条件及工作环境发生显著变化时，应及时增减和调换标志。

7.5.2 现场主要标志牌的设置

7.5.2.1 消防标志牌：

（1）消防标志应设置在与消防安全有关的醒目位置，传递消防安全信息。例如：施工区主通道入口、危险化学品存放区、易燃物存放区等消防管理重点区域。

（2）消防标志内容包括火灾报警装置标志、紧急疏散逃生标志、灭火设备标志、禁止和警告标志、方向辅助标志、文字辅助标志等。消防标志应符合《消防安全标志 第1部分：标志》（GB 13495.1）的规定，如图 7-5 所示。

图 7-5 消防标志

7.5.2.2 危险化学品标志牌：

（1）设置在存放危险化学品的场所。

（2）危险化学品标志用于提示人们注意危险化学品的特性。

（3）标签上要求的信息包括危险象形图、信号词、危险说明、防范说明、产品标识符和供应商标识等。具体参考《化学品作业场所安全警示标志规范》（AQ 3047），如图 7-6 所示。

图 7-6　危险化学品标志

7.5.2.3　道路交通标志牌：

（1）道路交通标志宜设置在车辆行进方向道路右侧，也可根据具体情况在车辆行进方向道路左侧、两侧同时设置或设置在路上方。

（2）道路交通主标志包括禁令标志、指示标志、警告标志、指路标志、旅游区标志、告示标志六类。辅助标志设置在主标志下方，对其进行辅助说明。

（3）禁令标志是禁止或限制道路使用交通行为的标志；指示标志是指示道路使用者应遵循的标志；警告标志是警告道路使用者注意道路、交通的标志；指路标志是传递道路方向、地点、距离信息的标志；告示标志是告知路外设施、安全行驶信息及其他信息的标志。

（4）道路交通标志按标志传递信息的强制性程度分类，分为必须遵守标志和非必须遵守标志。禁令标志、指示标志为道路使用者必须遵守标志，其他标志仅提供信息。

（5）除另有规定外，标志应采用逆反射材料制作标志面，并可安装标志照明设施，也可根据地形、日照情况采用发光式。应根据道路交通实际合理设置道路交通牌，具体参考《道路交通标志和标线 第2部分：道路交通标志》（GB 5768.2），如图7-7所示。

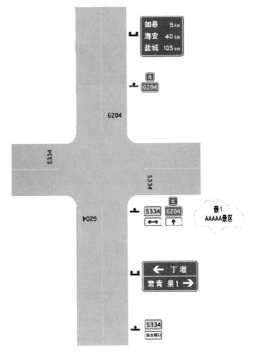

图7-7　道路交通标志

7.5.2.4　信息公告标志牌：

（1）设置于现场显著位置或者危险源（点）显著位置。

（2）主要用于各区域场所、机械设备、车辆等责任信息标识，显示相关责任人及手机号码等信息，包括制度、操作规程、主要风险、控制措施。具体参考《安全标志及其使用导则》（GB 2894），如图7-8所示。

配电箱管理信息牌	
工程名称	
单位	
配电箱名称	
责任人	
电话	
有电危险！！！严禁非专业电工操作临电设施！	

图7-8　信息公告标志

7.5.2.5　安全设施验收牌：

（1）设置在已通过验收的安全设施显著位置。

（2）用于标识现场验收管理信息，内容包括：搭设负责人、使用单位/负责人、使用单位/安全员、验收人、验收时间、有效期、允许载荷等。具体参考《安全标志及其使用导则》（GB 2894），如图 7-9 所示。

安全设施验收牌			
设施名称		设施位置	
责任人		电话	
验收人		验收时间	

图 7-9　安全设施验收牌

7.5.2.6　危险源（点）标识牌：

（1）设置于施工现场危险源（点）显著位置。

（2）用于标识现场危险源（点）管理信息，内容包括：施工负责人及手机号码、安全员及手机号码、主要风险、控制措施等。具体参考《安全标志及其使用导则》（GB 2894），如图 7-10 所示。

危险源（点）标识牌		
危险（点）源名称	危险因素	事故诱因
风险等级	防范措施	
	急救：120	消防：119
责任人	电话	

图 7-10　危险源（点）标识

7.5.2.7　现场应急疏散平面图：

（1）设置在各区域通道出入口显著位置。

（2）应急疏散平面图上应标出观察者位置、集合点位置及应急疏散通道，平面图中应包括应急联系人姓名及手机号码。

（3）作业区域应设置明显的应急疏散指示标志，其指示方向应指向最近的临时疏散通道入口。

具体参考《安全标志及其使用导则》（GB 2894），如图 7-11 所示。

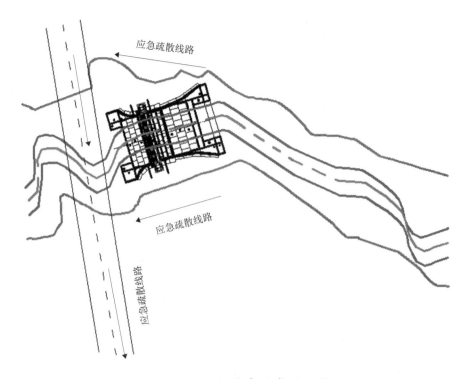

图 7-11　现场应急疏散平面图

7.5.2.8　配电箱管理信息牌：

（1）设置在配电箱正面。

（2）配电箱应由专业电工检查维护，定期检查并做好相关记录。

具体参考《安全标志及其使用导则》（GB 2894），如图 7-12 所示。

配电箱管理信息牌	
工程名称	
单位	
配电箱名称	
责任人	
电话	
有电危险！！！严禁非专业电工操作临电设施！	

图 7-12　配电箱管理信息牌

7.5.2.9　脚手架信息牌：

（1）设置在脚手架显著位置。

（2）脚手架搭设完成后，必须经相关人员检查验收合格后方可悬挂脚手架验收牌。

（3）脚手架信息牌用于标识脚手架状态信息，可选用大型脚手架验收牌和小型脚手架信息牌两种样式。

（4）脚手架信息牌，正面包括脚手架搭设及使用单位负责、验收人信息，背面填写脚手架定期检查记录。

（5）验收合格脚手架挂绿牌，可以使用；不合格脚手架挂红牌，禁止使用；搭设、拆除、维修脚手架挂黄牌，仅限架子工使用。

具体参考《安全标志及其使用导则》（GB 2894），如图 7-13 所示。

脚手架信息牌			
设施名称		设施位置	
责任人		电话	
验收人		验收时间	

图 7-13　脚手架信息牌

7.5.2.10　职业病危害告知牌：

（1）设置于存在职业危害因素的场所。

（2）告知危害的名称、危害特征以及相应的处理措施等。

具体参考《安全标志及其使用导则》（GB 2894），如图 7-14 所示。

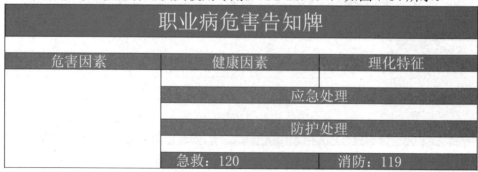

职业病危害告知牌		
危害因素	健康因素	理化特征
	应急处理	
	防护处理	
急救：120	消防：119	

图 7-14　职业病危害告知牌

7.5.2.11　特种作业人员帽贴（相关作业人员帽贴）：

（1）设置在安全帽左右两侧。

（2）特种作业人员安全帽上张贴特种作业帽贴，通过不同帽贴颜色区分工种，帽贴标明特种作业人员作业类别及证件有效期。

具体参考《安全标志及其使用导则》（GB 2894），如图 7-15 所示。

 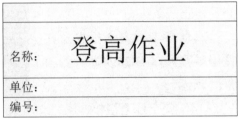

图 7-15　特种作业人员帽贴

7.5.2.12　安全文化建设标志牌：

（1）设置于项目现场主要进出口处。

（2）内容包括：安全理念、安全承诺、安全制度、安全行为规范、安全管理要求、安全生产标准化、安全经验反馈、事故警示教育、安全生产知识、现场风险管控、班组安全建设、安全品牌宣传等内容。

图 7-16　安全文化建设标志牌

具体参考《安全标志及其使用导则》（GB 2894），如图 7-16 所示。

7.5.2.13　防止踏空、碰头、绊脚警示线：

（1）设置在易踏空、碰头及绊脚处。

（2）适用于通道有落差处 (如楼梯等)。在楼梯第一级和末级台阶、人行通道高差 300 mm 以上的边缘处设置防止踏空警示线，楼梯台阶处宜设置橡胶防滑条。

（3）当现场管道、横梁或平台等底部距地面净高小于 1 850 mm 时，应在醒目位置设置防止碰头警示线。

（4）当现场有落地管道、台阶及其他容易造成人员绊脚障碍物时，应在醒目处设置防绊脚警示线。

（5）防止踏空、碰头、绊脚警示线可采用成品黄黑反光条，也可涂刷黄黑相间安全色，线条宽度 100 mm，间隔 100 mm，黄黑斜线条夹角为 45°，正线条夹角 90°。

具体参考《安全标志及其使用导则》（GB 2894），如图 7-17 所示。

7.5.2.14　安全标语横幅：

图 7-17　防止踏空、碰头、绊脚警示线

（1）设置在办公区、施工现场醒目位置。

（2）采用单位全要素标识组合，标语内容采用红底白字，右侧或下方注明单位简称。

具体参考《安全标志及其使用导则》（GB 2894），如图 7-18 所示。

图 7-18　安全标语横幅

7.6　检查与维修

7.6.1　为了有效地发挥标志的作用，应对其定期检查，定期清洗，发现有变形、损坏、变色、图形符号脱落、亮度老化等现象存在时，应立即更换或修理，从而使之保持良好状况。安全管理部门应做好监督检查工作，发现问题，及时纠正。

7.6.2　要经常性地向工作人员宣传安全标志使用的规程，特别是那些须要遵守预防措施的人员，当设立一个新标志或变更现存标志的位置时，应提前通告员工，并且解释其设置或变更的原因，从而使员工心中有数，只有综合考虑了这些问题，设置的安全标志才有可能有效地发挥安全警示作用。

附录 水电站记录表格

附表 1 水电站交接班记录

年 月 日			天气：
交班人员：		值别：	
接班人员：		值别：	
设备名称	运行	备用	检修
发电机			
水轮机			
调速器			
主变压器			
厂用变压器			
断路器			
隔离开关			

备注：

交班值长： 接班值长：

附表 2　水电站运行分析记录

题目：	年　　月　　日
参加人员：	
内容：	
结论：	
主持人签字：　　　　　　　　　　　　生产负责人签字：	

附表 3　水电站安全活动记录

主持人		记录人		日期	年　　月　　日
参加人员					
缺席人员及 补充措施					

活动内容及发言简要内容：

小结（存在的问题、吸取教训及改进措施）：

检查评语：

安全监察员签字：　　　　　　　　　年　　月　　日

附表 4 水电站倒闸操作票

单位：_____　　　　　　　　　　　　　　　　　编号：_____

发令人		受令人		发令时间：　年　月　日　时　分
操作开始时间：　年　月　日　时　分			操作结束时间：　年　月　日　时　分	
（　　　）监护下操作　（　　　）单人操作　（　　　）检修人员操作				
操作任务：				

序号	操作项目	√

备注：			
操作人		监护人		值班负责人（值长）	

附表 5　水工建筑物检查记录

设备名称及编号：				
事故发生时间	年　月　日　时　分	处理起止时间		月　日至　月　日
参加处理事故人员：				
事故经过及原因分析：				
性质		责任划分		
损失情况				
处理意见及结果： 技术负责人签字：　　　　年　　月　　日				
反事故对策： 主管生产负责人签字：　　　　年　　月　　日				

附表 6 水工交接班记录

年　月　日				天气：	
交班值班员			交班时间	时　分	
接班值班员			接班时间	时　分	
时间	库区水位 /m	值班员	运行机组 / 台	总负荷 /kW	受话人
名称	设备情况			备注	
坝区设备					
大坝建筑物					
备品					
消防器材					
办公、生活用品					
仓库					
记事					

附表 7 上岗人员技术考核记录

姓名		性别		出生日期 (年–月–日)		职务	
参加工作时间			从事工作			职称	
工作变动情况							
时间	变动前从事工作岗位			时间	变动后从事工作岗位		
考核情况							
时间	内容			考核成绩		考核单位	

附表 8 指令、指示记录

时间	年　月　日　时　分	传达人	
指令、指示：			

值班长签字：　　　　　　　　　　　　　　　年　　月　　日

落实情况：

单位负责人签字：　　　　　　　　　　　　　年　　月　　日

附表9　水轮发电机组运行记录

机组_____　　　　　　　　　　　　　　　　年_____月_____日　第_____页

时间	调速器				测温制动屏					测温制动屏（巡检仪）													测压表压力				蝶阀压力			记录人
	有功功率	开度	转速	油压	上导轴承	下导轴承	水导轴承	推力轴瓦(8)	推力轴瓦(4)	推力轴瓦							上导油槽	下导油槽	上导瓦	下导瓦	水导	尾水测压	蜗壳测压	水导密封测压	顶盖测压	蝴蝶阀前压力	蝴蝶阀后压力	旁通阀压力	
										1	2	3	4	5	6	7	7	14	15	16	17								
	kW	%	r/min	MPa	℃	℃	℃	℃	℃	℃	℃	℃	℃	℃	℃	℃	℃	℃	℃	℃	℃	MPa	MPa	MPa	MPa	MPa	MPa	MPa	
时　分																													
时　分																													
时　分																													
时　分																													
时　分																													
时　分																													
时　分																													
时　分																													
时　分																													
时　分																													
时　分																													
时　分																													

上游水位：　　　　　　　下游水位：　　　　　　　记录整理：　　　　　　　技术负责人：

附表 10　水轮发电机组甩负荷试验记录表

机启动试验　　　　　　　　　　　　　　　　　　　　　　　　　　年　月　日　第　页

机组负荷	记录时间	记录转速	导叶开度	导叶关闭时间	接力器活塞往返次数	调速器调节时间	尾水测压	蜗壳测压	水导密封测压	顶盖测压表	定子振动		上机架振动		上导摆度	水导摆度	大轴法兰摆度	转速上升率	水压上升率	永态转差系数		转动部分上抬量
											水平	垂直	水平	垂直						指示值	实际值	
kW		r/min	%	s	次	s	MPa	MPa	MPa	MPa	mm	mm	mm	mm	mm	mm	mm	%	%	%	%	mm
25%	甩前																						
	甩时																						
	甩后																						
50%	甩前																						
	甩时																						
	甩后																						
75%	甩前																						
	甩时																						
	甩后																						
100%	甩前																						
	甩时																						
	甩后																						

上游水位：　　　　　下游水位：　　　　　记录整理：　　　　　技术负责人：

注：①转速上升率＝（甩负荷时最高转速－甩负荷前稳定转速）/甩负荷前稳定转速×100%；
②蜗壳水压上升率＝（甩负荷时最高水压－甩负荷前蜗壳水压）/甩负荷前蜗壳水压×100%；
③实际调差率＝（甩负荷后稳定转速－甩负荷前稳定转速）/甩负荷前稳定转速×100%。

附表 11　水轮发电机组电气运行记录

机组_____　　　　　　　　　　　　　　　　　　　　　　　　年_____月_____日　第_____页

时间	发变控制屏					励磁屏		发电机						1#主变温度	2#主变温度	记录人
	电压 U	电流 I	频率 f	有功功率 P	无功功率 Q	励磁电压	励磁电流	定子线圈铁芯温度								
								(8)线	(9)线	(10)线	(11)线	(12)线	(13)线			
	kV	A	Hz	kW	kvar	V	A	℃	℃	℃	℃	℃	℃	℃	℃	

上游水位：　　　　　下游水位：　　　　　记录整理：　　　　　技术负责人：

附表 12　工具及备品备件记录

序号	名称	规格	单位	存放定额	数量	检查情况	检查人签字

附表 13 水轮发电机机组启、停记录

启、停时间	设备名称及编号	启、停原因	操作票编号	操作人	监护人	负责人

附表 14　水轮发电机组自动装置故障动作记录

动作时间 （年 月 日 时 分）	装置名称及编号	动作原因	值班员签字

附表 15　断路器、继电保护及自动装置动作记录

动作时间 （年　月　日　时　分）	装置名称及编号	动作原因	值班员签字

附表 16　继电保护及自动装置调试记录

年	月	日	调试内容及结论	工作票编号	试验负责人签字	值班负责人签字	非当值负责人阅后签字

注：年终存入试验档案。

附表 17　外来人员记录

入站时间	姓名	单位	来站事由	批准人	离站时间	记录人

附表 18　蓄电池测试记录

年　月　日		异常情况及说明	电池型号：	测试人员签字：		每节额定电压：
代表电池序号						
日　　时	室内温度/℃	异常情况及说明		测试人员签字：		
日　　时	室内温度/℃	异常情况及说明		测试人员签字：		
日　　时	室内温度/℃	异常情况及说明		测试人员签字：		
日　　时	室内温度/℃	异常情况及说明		测试人员签字：		
日　　时	室内温度/℃	异常情况及说明		测试人员签字：		

续附表18

年　　月　　日　　　　　　　　　　　　　　　　　室内温度：　　　　　　　°C

编号	1	2	3	4	5	6	7	8	9	10	11	12	13	14	15	16	17	18	19	20
电压/V																				
编号	21	22	23	24	25	26	27	28	29	30	31	32	33	34	35	36	37	38	39	40
电压/V																				
编号	41	42	43	44	45	46	47	48	49	50	51	52	53	54	55	56	57	58	59	60
电压/V																				
编号	61	62	63	64	65	66	67	68	69	70	71	72	73	74	75	76	77	78	79	80
电压/V																				
编号	81	82	83	84	85	86	87	88	89	90	91	92	93	94	95	96	97	98	99	100
电压/V																				
异常情况及说明																				